Bücherei

des Verbandes deutscher Eisenbahnfachschulen

(E. V.)

Der Verband deutscher Eisenbahnfachschulen hat sich, den Wünschen der Lehrer wie Schüler entsprechend, entschlossen, zur Unterstützung des Unterrichts in den einzelnen Lehrgebieten der Eisenbahnfachschule kurzgefaßte Leitfäden herauszugeben. Sie bieten den Lehrstoff der einzelnen Unterrichtsgebiete in lehrplanmäßiger Anordnung und unter Beschränkung auf das Wichtigste. Die Herausgabe der Leitfäden erwies sich zur Vereinheitlichung des Unterrichts an allen Eisenbahnfachschulen als unbedingt erforderlich. Der Eisenbahnfachschulbesucher soll die Leitfäden als Hilfsmittel gebrauchen, um sich nach dem Unterricht das Wesentliche des behandelten Lehrstoffes ins Gedächtnis zurückzurufen und durch häusliche Übung zu verarbeiten und zu befestigen. Die über Betriebs- und Verkehrsdienst erscheinenden Leitfäden wollen die Benutzung der amtlichen Vorschriften nicht ersetzen, sondern unter Beschränkung auf das Wesentliche einen Einblick in das einschlägige Gebiet der amtlichen Vorschriften geben, die in vielen Einzeldrucken erschienenen Vorschriften in Zusammenhang bringen und ihre Benutzung für die weitere Ausbildung erleichtern.

Springer Fachmedien Wiesbaden GmbH

Bücherei
des Verbandes deutscher Eisenbahnfachschulen (E. V.)
Band 5

Eisenbahnwagenbau

Erläuternde Beschreibung
der verschiedenen Einrichtungen der Eisenbahnwagen
unter Berücksichtigung der Eisenbahn-Bau- und
Betriebs-Ordnung und der technischen Vereinbarungen
des Vereins deutscher Eisenbahnverwaltungen

Von

Eisenbahn-Oberingenieur F. Behnke

Mit 20 Textabbildungen

Springer Fachmedien Wiesbaden GmbH 1922

ISBN 978-3-663-15466-2 ISBN 978-3-663-16037-3 (eBook)
DOI 10.1007/978-3-663-16037-3

Vorwort.

Das vorliegende Bändchen bietet in gedrängter Fassung eine Beschreibung der auf der Eisenbahn am häufigsten vorkommenden Wagengattungen. Es gibt Aufschluß über Form, Baustoff und besondere Einrichtungen der einzelnen Wagengattungen. Zugrundegelegt für die Beschreibungen sind die technischen Vereinbarungen des Vereins deutscher Eisenbahnverwaltungen, die Betriebsordnung für den Bau und die Ausrüstung der Haupt- und Nebeneisenbahnen Deutschlands und die allgemeinen Lieferungsbedingungen für Fahrzeuge. Es wurde Wert darauf gelegt, die einzelnen Bestimmungen kurz zu erläutern und die Notwendigkeit derselben zu begründen.

Der geschäftsführende Vorstand des Verbandes deutscher Eisenbahnfachschulen:

Linow. Riemer. Rehe.

Der Verfasser:

Behnke,

Eisenbahnoberingenieur.

Inhaltsübersicht.

A. Allgemeines über den Bau und die Unterhaltung der Eisenbahnwagen.

Die Eisenbahnen werden unter oberster Aufsicht des Reichsverkehrsministeriums von den Eisenbahndirektionen verwaltet. Den Eisenbahndirektionen sind die verschiedenen Eisenbahnämter und Bauabteilungen unterstellt, denen wieder als Aufsichtsbehörde die verschiedenen Dienststellen untergeordnet sind. Neben den Eisenbahndirektionen besteht noch das Eisenbahnzentralamt in Berlin.

Die Eisenbahnämter unterscheiden sich in Betriebs-, Verkehrs-, Maschinen- und Werkstättenämter.

Den Betriebsämtern ist die Leitung des gesamten Fahrdienstes übertragen sowie die Unterhaltung der Strecken und baulichen Anlagen, einschließlich der für den Betriebsdienst erforderlichen Beamten und Arbeiter.

Die Verkehrsämter haben die Aufsicht über die Güter- und Gepäckabfertigungen, Stationskassen- und Fahrkartenverwaltung zu führen.

Den Maschinenämtern sind der gesamte technische Lokomotiv- und Wagendienst, die Betriebsstofflager und die in ihrem Bezirk vorhandenen elektrischen, mechanischen und maschinellen Anlagen unterstellt.

Die Werkstättenämter sind für die Wiederherstellung und Untersuchung der Fahrzeuge sowie für größere Arbeitsausführungen an mechanischen und maschinellen Anlagen außerhalb der Werkstätten innerhalb ihres Zuständigkeitsbezirks zuständig.

Die Bauabteilungen haben größere Neubauausführungen und größere Umbauarbeiten zu leiten. Sie werden nach Bedarf von Fall zu Fall gebildet.

Jedem Amt ist ein bestimmter Dienstbezirk zugeteilt. Die einzelnen Ämter führen die Aufsicht in ihrem Dienstbezirk in gegenseitigem Benehmen miteinander.

Das Zentralamt beschafft für alle Direktionen die erforderlichen Betriebsmittel, Betriebs- und Baustoffe und überwacht die gesamte Bauausführung der Betriebsmittel in den Privatwerken.

Außerdem werden vom Zentralamt die Dienstgeschäfte, die alle Direktionen gemeinsam berühren, erledigt; dadurch wird die gesamte Geschäftsführung vereinfacht und einheitlich gehandhabt.

Die Eisenbahnfahrzeuge, Lokomotiven wie Wagen, werden von

der Privatindustrie angefertigt. Das Zentralamt schließt die Verträge mit den Lieferfirmen ab und veranlaßt durch die ihm unterstellten Abnahmeämter die ständige Überwachung der Bauausführung und die Güte der zu verwendenden Baustoffe. Die Abnahmebeamten haben sich ständig über den Fortgang der Arbeiten in den von ihnen zu beaufsichtigenden Werken zu unterrichten und die Arbeitsausführung zu überwachen.

Bei Fertigstellung von Lokomotiven, Personen- und Gepäckwagen wird von dem zuständigen Abnahmebeamten eine Bauüberwachungsbescheinigung ausgestellt und der Abnahmewerkstatt des Fahrzeuges zugeleitet. Die Abnahmewerkstatt hat die erforderlichen Aufzeichnungen für die Fahrzeugverzeichnisse zu machen und durch Probefahrten die Betriebsfähigkeit des Fahrzeuges festzustellen. Hierauf wird eine Abnahmebescheinigung ausgefertigt und dem Zentralamt zugesandt, zugleich wird das Fahrzeug dem Betriebe zugeführt.

Bei Lokomotiven ist die Inbetriebnahme von der Konzessionsurkunde der zuständigen Eisenbahndirektion abhängig.

Auf Grund der Abnahmebescheinigungen der Werkstätten erfolgt dem abgeschlossenen Vertrage entsprechend die Bezahlung des gelieferten Fahrzeuges.

Güterwagen werden nach Fertigstellung sofort unbeladen in Güterzüge eingestellt und durch besondere Beklebezettel als Probeläufer gekennzeichnet. Nach Zurücklegung eines Weges von 40—50 km werden die Wagen untersucht, ob etwa ein Heißlaufen der Achslager eingetreten ist. Ergeben sich keine Anstände, wird der Beklebezettel entfernt und der Wagen damit dem Betriebe zur weiteren Verwendung übergeben.

Die Eisenbahnwagen unterscheiden sich je nach dem Zweck, dem sie dienen sollen, in zwei Hauptgruppen: Personen- und Güterwagen. In diese beiden Gruppen läßt sich der überwiegende Teil der Eisenbahnwagen unterbringen. Gepäck- und Postwagen werden ihrer besonderen Einrichtung halber besser besonders behandelt, ebenso solche Wagen, die nicht zur Beförderung von Personen und Gütern dienen und für den öffentlichen Verkehr nicht in Frage kommen. Diese Wagen werden unter dem Sammelnamen Bahndienstwagen in besonderen Listen geführt; dazu gehören unter anderen: Arztwagen und Hilfsgerätewagen, Heizkesselwagen, Gastransportwagen, Kran-, Kessel-, Topfwagen usw.

Die wichtigsten grundlegenden Vorschriften über den Bau der Eisenbahnwagen für Haupt- und Nebeneisenbahnen sind in der deutschen Eisenbahnbau- und Betriebsordnung niedergelegt. Außerdem bestehen noch die technischen Vereinbarungen des Vereins deutscher Eisenbahnverwaltungen über den Bau und die Betriebseinrichtungen der Haupt- und Nebeneisenbahnen, die zum Teil bindende Vorschriften enthalten und aus denen die Bestimmungen der Eisenbahnbau-

und Betriebsordnung abgeleitet sind. Weiter sind noch die Lieferungsbedingungen für Eisenbahnfahrzeuge für den Lieferer der Fahrzeuge mitbestimmend.

Die Eisenbahnfahrzeuge dürfen eine bestimmte Höhe und Breite nicht überschreiten; ebenso sind für Tunnels, Brücken und Durchlässe bestimmte Abmessungen bezüglich ihrer Höhe und Breite festgesetzt.

Für Fahrzeuge ist das Profil der festen Teile, für Kunstbauten die Umgrenzung des lichten Raumes maßgebend. § 11 und 28, sowie die Anlagen A, C und D der Eisenbahnbau- und Betriebsordnung enthalten die genauen Abmessungen für die Umgrenzungen. (Siehe auch Abb. 1.) Abweichungen von der Umgrenzung des lichten Rau-

Umgrenzung für Wagen.

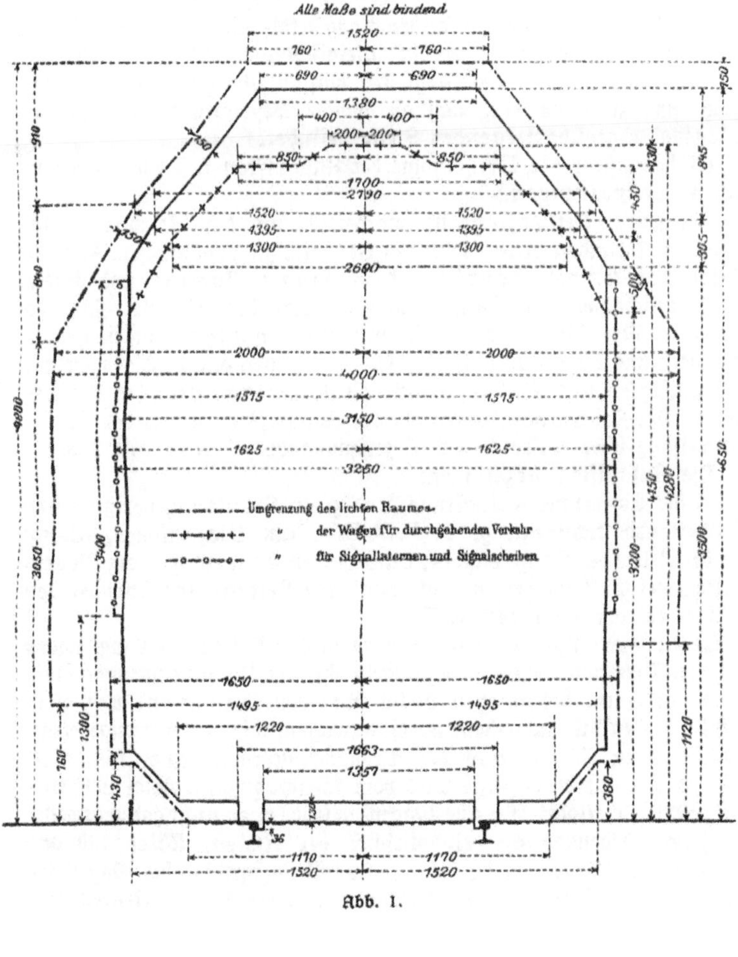

Abb. 1.

mes sind bei Kohlen- und Ladebühnen zugelassen. Die betreffenden und sonst noch gefährdeten Stellen sind durch einen Anstrich von Kalkmilch gekennzeichnet, der, wenn erforderlich, stets zu erneuern ist.

Auf Güterbahnhöfen befinden sich Ladeprofile, um die Verladung von Heu, Stroh oder sonstigen sperrigen Massengütern nachprüfen zu können.

Zur Verladung schwerer Gegenstände sind auf den meisten Güterbahnhöfen Portalkräne von gewöhnlich 10—20 t Tragfähigkeit aufgestellt.

B. Bezeichnung und Anschriften der Wagen.

(Siehe Bau- und Betriebsordnung S. 30 § 42.)

Alle Wagen müssen an beiden Langseiten mit Anschriften in genau vorgeschriebener Weise in lateinischen Schriftzeichen aus Ölfarbe versehen sein. Die Langseiten müssen gleichmäßig beschrieben sein, und zwar derart, daß die gleiche Bezeichnung sich auf der diagonal gegenüberliegenden Stelle befindet.

(Näheres über die Reihenfolge der Anschriften s. § 140 der technischen Vereinbarungen.)

Die genaue Reihenfolge ist erforderlich, um den Beamten ein sofortiges Auffinden einer gesuchten Anschrift zu ermöglichen. Für den Zugführer kommen hauptsächlich in Frage: Nummer und Eigentumsbezeichnung des Wagens und die Art der Bremse. Für den Wagenmeister: Nummer und Eigentumsbezeichnung, Untersuchungsvermerk und Heimatswerkstatt. Für den Lademeister: Eigengewicht, Tragfähigkeit und Radstand. Für die Rangiermeister: die Beklebezettel. Die Form und Abmessung der Anschriften ist aus der Dienstanweisung über Anstrich und Bezeichnung der Wagen ersichtlich.

Die Anschriften bezeichnen:

a) die Eigentumsverwaltung, und zwar Staatsangehörigkeit und Direktionsbezeichnung, z. B. P.St.E.V. am Wagenkasten, Altona in der Mitte des Langträgers; bei bedeckten Güterwagen am Wagenkasten, bei Güterwagen mit abnehmbaren Seiten- und Stirnwänden auf jedem abnehmbaren Teil.

b) Die Ordnungsnummer. Diese ist in der Mitte des Langträgers vor der Direktionsbezeichnung angebracht, bei Personenwagen außerdem auf einem besonderen Schild über der Seitenwand und ohne Schild an den Stirnwänden. Bei Güterwagen, wie unter a angegeben. D-Zugwagen führen vor der Ordnungsnummer eine Null, z. B. 040 18. Die Nummernfolge wird vom Eisenbahnzentralamt in Berlin festgesetzt; sie erfolgt für alle Wagen laufend, aber nicht gattungsweise.

c) Das Eigengewicht einschließlich der Achsen, Räder und der dauernd am Wagen mitgeführten Ausrüstungsstücke, bei Wagen jedoch, die auf Strecken von verschiedener Spurweite verkehren und beim Übergang die Radsätze wechseln, ist es zulässig, das Gewicht des gefederten Teils am Wagenkasten, das Gewicht der Radsätze und Achsbuchsen an den Achsbuchsen anzuschreiben. Unter Eigengewicht ist das Gewicht zu verstehen, mit dem alle Räder zusammengenommen auf die Schienen drücken. Der höchste Raddruck beträgt für Fahrzeuge, die auf andere Bahnen übergehen, 7000 kg. Für preußische Bahnen mit starkem Oberbau ist ein Raddruck von 8000 kg zugelassen. Zum Feststellen der Raddrucke werden Schenksche oder

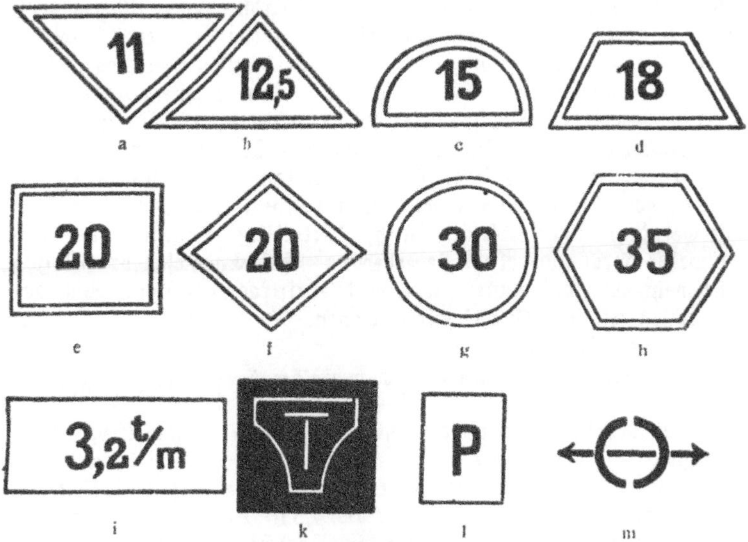

Abb. 2.

Ehrhardtsche Wagen benutzt. Bei zu großem Raddruck müssen die Wagen mehrachsig gebaut werden.

d) Bei Güter- und Gepäckwagen das Ladegewicht und die Tragfähigkeit. Unter Ladegewicht ist das Gewicht zu verstehen, mit dem der Wagen normalerweise beladen werden darf. Zu dem Ladegewicht kann noch ein bestimmter Zuschlag kommen; beide zusammen ergeben die Tragfähigkeit, über die hinaus der Wagen nicht beladen werden darf.

e) Das auf 1 m Wagenlänge einschließlich der Puffer entfallende Gesamtgewicht (Eigengewicht und Ladegewicht), wenn es 3,1 Tonnenmeter übersteigt. Diese Bestimmung ist zur Kontrolle der Brückenbelastung notwendig. Güterwagen haben außerdem noch ein besonderes Tonnenzeichen, das an den Seiten- und Stirnwänden an höherer Stelle angebracht ist. Es sind dies in verschiedener Form umrahmte Flächen, in welche das Ladegewicht, jedes für eine bestimmte Flächenform, eingeschrieben ist. (Die Zeichen sind in Abb. 2, a—h ersichtlich.)

f) Der Radstand, bei Drehgestellwagen der Abstand der Drehzapfen und der Radstand der Drehgestelle. Unter Radstand ist die Entfernung von Mitte zu Mitte Endachsen zu verstehen. Als Endachsen werden die Achsen bezeichnet, die sich am Ende des Fahrzeuges befinden; dabei werden Drehgestelle als besondere Fahrzeuge angesehen, so daß also ein vier- oder sechsachsiger Drehgestellwagen zwei Endachsen für den gesamten Radstand und vier Endachsen für den Radstand der Drehgestelle hat. Der Drehzapfenabstand rechnet von Mitte zu Mitte der Drehzapfen. Der Radstand der Wagen muß mindestens 2,5 m betragen. Für Güterwagen ist ein fester Radstand von mehr als 4,5 m nicht anzuwenden, weil andernfalls das Einstellen in Krümmungen nicht möglich wäre. Unter festem Radstand ist zu verstehen, daß die Achsbuchsen ohne Verschiebbarkeit in ihren Führungen gelagert sind. Die Anwendung von Lenkachsen wird empfohlen. Unter Lenkachsen sind Achsen zu verstehen, die sich beim Durchfahren von Krümmungen verschieben können und nach Einlauf in die Gerade wieder selbsttätig in ihre Mittellage einstellen; dies kann entweder durch pendelnde Federgehänge, bei Endachsen von Wagen mit mehr als zwei Achsen oder durch entsprechende Verbindung der Endachsen mit der Mittelachse geschehen.

Der Radstand von:

9,0 m bei Krümmungen von 180 m Halbmesser	für freie Strecken
10,0 „ „ „ „ 210 „ „	

soll nicht überschritten werden. Für lange und schwere Wagen sind Drehgestelle anzuwenden.

g) Das Vorhandensein von Lenkachsen und die Verschiebbarkeit der Mittelachsen. Bei Wagen mit mehr als 4,5 m Radstand das Zeichen m (Abb. 2), wenn die Achsen eine solche Verschiebbarkeit besitzen, daß die Wagen Krümmungen von 150 m Halbmesser anstandslos durchfahren können. Bei Wagen mit Vereinslenkachsen müssen sich die Endachsen aus der Mittelstellung nach vorn und hinten mindestens um 2,5 mm je 1 m Radstand verschieben können. Die größte Verschiebbarkeit darf höchstens 35 mm betragen und muß fest begrenzt sein. Dies würde einem Radstand von 14 m entsprechen. Ein so großer Radstand wird aber in den seltensten Fällen zur Anwendung kommen, es werden alsdann zweckmäßig Wagen mit Drehgestellen gebaut werden. Die Rückkehr der Endachsen in die Mittelstellung muß bei Wagen mit mehr als zwei Achsen durch pendelnde Federgehänge bewirkt werden, wenn nicht die Endachsen durch mittlere Achsen eingestellt werden. Bei dreiachsigen Wagen muß die mittlere Achse verschiebbar sein, wenn die Räder der Zwischenachsen mit Spurkränzen versehen sind und der Abstand der Endachsen voneinander mehr als 4,0 m beträgt. Würde die Verschiebbarkeit fehlen, so würde beim Durchfahren von Krümmungen die Gefahr entstehen, daß der Wagen aus dem Geleise gedrängt wird. Zwischenachsen mit Rädern ohne

Spurkränze dürfen keine Querverschiebbarkeit haben. Bei den preußisch-hessischen Bahnen sind Wagen mit Rädern ohne Spurkränze nicht im Betrieb. Außer Vereinslenkachsen gibt es noch andere Lenkachsen bei anderen Eisenbahnverwaltungen, die nach Buchstaben A und B bezeichnet sind.

Je kürzer der Radstand ist, um so kleinere Krümmungen können von Wagen mit festen Achsen durchfahren werden.

h) Die Art und Wirkungsweise der durchgehenden Bremse, ob Luftdruckbremse Bauart Schleifer, Westinghouse, Knorr oder Kunze-Knorr, oder Luftsaugebremse Bauart Hardy oder Körting, ob automatisch oder nichtautomatisch. Güterwagen mit Kunze-Knorr-Bremse sind an den Wagenecken mit 100 mm breiten weißen Streifen als solche gekennzeichnet, und zwar haben Wagen, die nur mit Leitung ausgerüstet sind, einen Streifen, die Wagen aber, die als Bremswagen ausgerüstet sind, zwei derartige Streifen. Wagen mit Einkammerbremse der Bauart Westinghouse oder Knorr, die mit einem P-G-Wechsel ausgerüstet sind, erhalten drei derartige Streifen. Die Streifen sind an den Seiten- und Stirnwänden sichtbar.

Nach einem Ministerialerlaß vom 15. Juli 1920 ist außerdem die Art der Bremse bei allen Personenwagen, mit Ausnahme der Drehgestellwagen, an der Stirnseite über dem gewölbten Puffer unter dem Gattungszeichen in abgekürzter Form angeschrieben, z. B. Wsbr = Westinghouseschnellbremse.

i) Der Inhalt der Gasbehälter. Die Inhaltsangabe erfolgt nach Litern. Außerdem ist noch meistens die Art der Beleuchtung angegeben. Es bedeutet: El = Elektrisch, Ggbg = Gasglühlichtbeleuchtung, Pgbg = Preßgasbeleuchtung.

k) Der Zeitpunkt der letzten Untersuchung. Die Untersuchung hat stattzufinden: bei Wagen, die in Schnellzügen laufen, nach spätestens sechs Monaten, bei den übrigen Personen-, Gepäck- und Postwagen und bei Güterwagen, die vorzugsweise in Personenzügen laufen, nach einem Jahre, bei den übrigen Güterwagen spätestens drei Jahre nach der letzten Untersuchung, bei D-Zugwagen nach Zurücklegung eines Weges von 30000 km. D-Zugwagen, die in Reserve stehen, müssen alle sechs Monate untersucht werden.

Vielfach wird noch die nächste Untersuchung und bei in sich geschlossenen Wagenzügen auch der Wagenlauf und die Zugnummern, unter denen die Wagen laufen, angeschrieben.

Während der Drucklegung sind die Untersuchungsfristen der Personenwagen des Berliner Stadt-, Ring- und Vorortverkehrs gemäß Amtsblatt 1921 Nr. 1828 wie folgt festgesetzt: Stadt- und Vollringzüge, Züge der Strecken Grunewald—Grünau—Kaulsdorf, Potsdam—Erkner, Berlin-Pow.—Wannsee—Potsdam, Berlin-Pof.—Werder, Berlin-Por.—Zossen, Berlin-Gzb.—Königswusterhausen, von 7 zu 7 Monaten, Züge der Strecken Spandau—Straußberg, Berlin-

Stb.—Oranienburg—Bernau—Tegel—Velten, Berlin-Leb.—Nauen—Wustermark von 8 zu 8 Monaten.

Die nicht in geschlossenen Zügen laufenden Wagen (Verstärkungswagen) sind von 10 zu 10 Monaten zu untersuchen.

l) Bei Wagen, die für Zeitschmierung eingerichtet sind, wird die Schmierfrist und der Zeitpunkt der letzten Schmierung angeschrieben. Die Daten werden in ein netzartiges Muster mit Ölfarbe eingeschrieben. Ausgenommen sind Wagen mit Dauerschmierung.

Kurz vor dem Kriege waren Versuche im Gange, die Bewährung einer Dauerschmierung, System Keystone-Henke, auszuproben. Infolge der später eingetretenen Freizügigkeit der Wagen und des Fehlens der notwendigen Rohstoffe mußten die Versuche aufgegeben werden. Allgemein wurde mit einem guten Ergebnis gerechnet, und es steht zu erwarten, daß die Versuche wieder aufgenommen werden.

m) Bei Personen- und bedeckten Güterwagen die Anzahl der zur Truppenbeförderung benutzbaren Sitzplätze, bei den Güterwagen auch die Anzahl der unterzubringenden Pferde: Beispiel 8 Offiziere, 24 Mann. Bedeckte Güterwagen haben Einrichtungen zum Anbringen von Sitzbänken und Rückenlehnen für Mannschaftstransporte. Für Pferdetransporte sind als besondere Ausrüstung vorgesehen; Vorsatzbretter, Vorlegebäume und ein Schemel für den Begleiter.

n) Bei den zur Viehbeförderung geeigneten Wagen der Inhalt der Bodenfläche. Dies ist erforderlich, damit ein Wagen gestellt werden kann, der auch für die bekanntgegebene Viehzahl ausreicht.

o) Bei den zur Militärbeförderung nicht geeigneten Wagen der Buchstabe [u]; zu beachten ist die [ ] (Klammer) um den Buchstaben u! Von den offenen Güterwagen sind diejenigen zur Militärbeförderung nicht geeignet, deren Seiten- und Rückenwände nicht abnehmbar sind.

p) Bei Privatwagen hinter der Ordnungsnummer das Zeichen l in Abb. 2 mit Umrahmung in schwarzer oder weißer Ölfarbe. Der Raum innerhalb der Umrahmung und das P behält die Farbe des Wagenkastens.

Alle Personenwagen sind mit laufenden Buchstaben an der Abteiltür versehen, um den Reisenden das Auffinden der benutzten Wagenabteilung zu erleichtern. Personenwagen sind noch besonders als Raucher- oder Nichtraucherwagen bezeichnet. Außerdem sind besonders geformte Haken zum Anbringen von Kursschildern und Nummerschildern an den Langseiten der Wagen angebracht; diese müssen die in Abb. 3 dargestellten Formen und Abmessungen haben. Im Wageninnern befinden sich Schilder für Raucher, Nichtraucher und Frauen, Hinweise für Aborte, Bedienungsschilder für Bremse und Heizung, Schilder mit Spuckverbot, Warnung gegen Herauslehnen aus den Fenstern usw. Das Anbringen der Schilder an bestimmter Stelle erfolgt nach Anweisung des Zentralamts. An der Stirnwand der Personen- und bedeckten Güterwagen, die in bestimmten Werkstätten zu unterhalten sind, ist die Heimatswerkstätte über dem gewölbten Puffer angeschrieben.

Bei Wagen, deren Gewährszeit noch nicht abgelaufen ist, muß der Zeitpunkt des Ablaufs der Frist angeschrieben sein. Dies ist erforderlich, damit die Wagen rechtzeitig zur Haftpflichtuntersuchung der Werkstätte zugeführt werden.

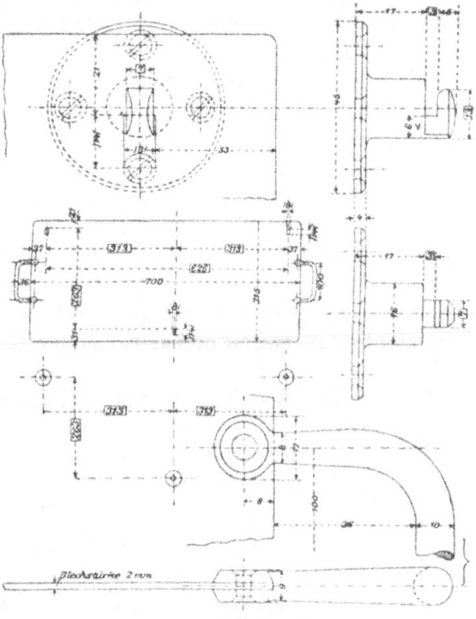

Abb. 3.

Unter Gewährszeit oder Haftpflicht ist die Zeit zu verstehen, während der die Lieferfirma für die Arbeitsausführung und gute Beschaffenheit der verwendeten Materialien haftet. Abnutzungen, welche durch gewöhnlichen Betrieb entstanden sind, sowie Beschädigungen fallen der Lieferfirma nicht zur Last.

Güterwagen mit dem Zeichen k (Abb. 2), Transitwagen, entsprechen hinsichtlich ihrer Querschnittsabmessungen und Breiteneinschränkungen den Vorschriften über Querschnittsabmessungen des Radstandsverzeichnisses und können ohne besondere Prüfung ihrer Querschnittsmaße auf alle dem internationalen Verkehr dienenden Eisenbahnen übergehen. Unter Transitverkehr ist der Transport von Waren ins Ausland durch ein fremdes Land zu verstehen; dieser ist zuweilen durch Durchgangszölle besteuert oder auch durch Durchgangsverbote verhindert.

Lose Zubehörteile, die ständig bei dem Wagen verbleiben, sind durch besondere Anschriften am Wagen bezeichnet (z. B. 16 Rungen).

Im § 140 Abs. 4 der technischen Vereinbarungen ist die Reihenfolge für die Wagenvorschriften a bis p genau vorgeschrieben.

Außer den in den technischen Vereinbarungen vorgeschriebenen Bezeichnungen und Anschriften werden die Wagen noch vielfach auf besondere Anordnung mit Zeichen oder Anschriften versehen, die besondere Bauarten der Heizung, Beleuchtung oder der Bremsen bezeichnen und oft nur vorübergehende Bedeutung haben.

An jedem Wagen befindet sich auf beiden Seiten des Langträgers ein Schild, aus dem die Lieferfirma, der Herstellungsort und das Jahr der Anfertigung des Wagens zu ersehen ist.

C. Gattungszeichen der Wagen.

Alle Wagen haben Gattungszeichen.

Eine Ausnahme machen nur die Bahndienstwagen; diese haben eine Bezeichnung, aus der zu ersehen ist, welchen besonderen Zwecken der Wagen dient, z. B. Gastransportwagen, Heizkesselwagen, Arztwagen, Wasserwagen usw.

Die Gattungszeichen unterscheiden sich in Haupt- und Nebengattungszeichen. Die Hauptgattungszeichen geben die Hauptform bzw. Bauart des Wagens an, die Nebengattungszeichen weisen auf besondere Einrichtungen hin, die an oder in dem Wagen vorhanden sind. Die Hauptgattungszeichen werden mit großen lateinischen Buchstaben, die Nebengattungszeichen mit kleinen lateinischen Buchstaben hinter das Hauptgattungszeichen angeschrieben. Die Verbindung mehrerer Hauptgattungszeichen deutet an, daß der Wagen entsprechend dem Gattungszeichen verschiedenen Zwecken dienen kann. Zwei gleiche Hauptgattungszeichen bedeuten, daß der Wagen vier- oder mehrachsig gebaut ist.

Die zur Personenbeförderung bestimmten Wagen haben die Gattungszeichen A, B, C und D; hierbei bedeutet A erste Klasse, B zweite, C dritte und D vierte Klasse. AB bezeichnet einen Wagen mit zwei oder drei Achsen und Abteilen erster und zweiter Klasse. ABC einen gleichen Wagen mit Abteilen erster, zweiter und dritter Klasse. AA einen vier- oder mehrachsigen Wagen mit Abteilen erster Klasse, ABCC einen solchen mit Abteilen erster, zweiter und dritter Klasse. Die Doppelbezeichnung für vier- und mehrachsige Personenwagen ist immer am letzten Zeichen ersichtlich. Zwei- und dreiachsige, oder vier- und mehrachsige Wagen sind unter sich nicht durch besondere Zeichen unterschieden.

Schlaf-, Salon-, Speise- und Postwagen haben als Gattungszeichen nur die Abkürzung der Gesamtbezeichnung, z. B. Schlaf, Sal., Speise oder Post.

D-Zugwagen mit Übergangsbrücken und Faltenbalgen werden durch das Nebengattungszeichen ü als solche gekennzeichnet, z. B. ABBü, Schlaf ü. Bei Personenwagen mit Speise- oder Postraum wird die Bezeichnung Speise oder Post als Nebengattungszeichen mit kleinen lateinischen Buchstaben angeschrieben.

Die Gepäckwagen haben das Gattungszeichen P und als Kennzeichnung für verschiedene Formen und Einrichtungen die entsprechenden Ergänzungen, z. B. P, PP, PPü Pg, Ppost usw.

Güterwagen haben die Gattungszeichen G, H, K, N, O, R, S, V oder X und ebenfalls zur Bezeichnung besonderer Form und Einrichtungen die entsprechenden Nebengattungszeichen. Zwei- und dreiachsige Wagen sind durch einmaliges Anschreiben des Hauptgattungszeichens, z. B. Sm l, gekennzeichnet, vier- und mehrachsige Wagen durch Doppelbezeichnung, z. B. SSm l. Die Verbindung von zwei Hauptgattungszeichen kommt bei Güterwagen nur bei offenen hochwandigen Wagen vor, die sich auch zur Viehbeförderung eignen. Diese Wagen sind mit OV bezeichnet.

Durch die Nebengattungszeichen können an einem Wagen mehrere Formen und Bauarten bezeichnet werden, z. B. Onmmk[u]. Die Zeichen bedeuten: der Wagen ist ein offener zweiachsiger Güterwagen mit Luftdruckbremse, hat mindestens 20 t Ladegewicht, ist mit Kopfwänden versehen, die um einen oberen Zapfen drehbar sind und eignet sich nicht zur Militärbeförderung.

Die Triebwagen sind folgendermaßen bezeichnet: DT bedeutet Dampftriebwagen jeder Art, AT Akkumulatorentriebwagen jeder Art, VT Triebwagen jeder Art mit Verbrennungsmaschinen, ET Triebwagen für elektrische Streckenleitung.

Während des Druckes dieses Buches ist durch Min.-Erl. E VII, 73, 1254 vom 20. 6. 1921 eine neue Bezeichnung und Nummernfolge der Reichseisenbahn-Güterwagen angeordnet worden, die wir im Anhang bringen. Bis zur Ausführung der Umzeichnung gelten die obigen Gattungszeichen. Für die Übergangszeit ist eine besondere Anweisung erlassen, die ebenfalls im Anhang abgedruckt ist.

D. Einrichtungen, die alle Wagen gemeinsam haben.

1. Radsätze (Siehe Abb. 4—6).

a) **Bestimmungen aus den technischen Vereinbarungen.** Die Räder bremsbarer Achsen müssen mit aufgezogenen Reifen versehen sein; die Radsterne oder Radscheiben sind aus Schweißeisen, Flußeisen oder Flußstahl herzustellen. Bei Rädern aus einem Stück würde beim Bremsen eine Erwärmung vom Umfang eintreten; dadurch entstehen Spannungen im Material, die zu Brüchen oder Sprüngen führen können.

Flußstahlscheibenräder, bei denen Nabe, Scheibe und Reifen aus einem Stück gegossen sind, dürfen nur für nicht bremsbare Achsen verwendet werden. Hartgußräder dürfen nur bei Güterwagen ohne Bremse verwendet werden, deren Geschwindigkeit 50 km in der Stunde nicht übersteigt.

Der Durchmesser der Wagenräder soll im Laufkreis gemessen mindestens 840 mm betragen. Bei kleinerem Durchmesser würde die Umdrehung des Rades bei hohen Geschwindigkeiten zu groß werden, dadurch würde aber das Heißlaufen begünstigt werden.

Der lichte Abstand zwischen den Reifen einer Achse muß in regelrechtem Zustande 1360 mm betragen, 3 mm darüber oder darunter sind zulässig.

Die Breite der Radreifen soll nicht weniger als 130 mm und nicht mehr als 150 mm betragen. Die größere Breite erstreckt sich stets nach außen, weil andernfalls das Lichtmaß von 1360 mm nicht innegehalten würde. An neuen Radreifen sind solche Reifenbefestigungen anzuwenden, welche verhindern, daß weder gebrochene Reifen von dem Radkörper sich lösen noch einzelne Reifenstücke abfliegen. Durch die schwalbenschwanzförmige Form des Unterreifens und Anwendung des Sprengrings wird dieser Bestimmung entsprochen.

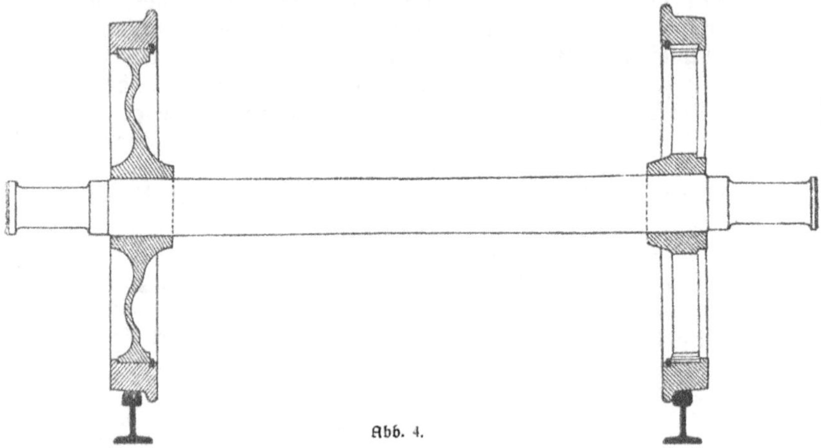

Abb. 4.

Scharfkantige Eindrehungen sind bei Radreifen zu vermeiden, weil dieselben die Bruchgefahr erhöhen.

Die geringste noch zulässige Stärke der Radreifen, im Laufkreis gemessen, wird für alle Fahrzeuge auf 25 mm festgesetzt. Beim letztmaligen Abdrehen der Radreifen soll die Stärke von 30 mm nicht unterschritten werden. Schwächere Reifen springen leichter als stärkere, auch werden dieselben leichter lose, daher ist ein Mindestmaß notwendig. Unter Laufkreis ist derjenige Kreis verstanden, in dem eine senkrechte Ebene von 750 mm Abstand von der Achsmitte die Lauffläche schneidet. Die Lauffläche ist die mit der Schiene in Berührung gelangende, regelmäßig der Abnutzung unterliegende Fläche des Rades. Radreifen, deren Querschnitt durch eine unter der Spurkranzhohlkehle liegende Befestigungsnut geschwächt sind, müssen an der schwächsten Stelle bei größter Abnutzung noch mindestens 25 mm stark sein.

Die Laufflächen der Räder müssen sich in neugedrehtem Zustande von der Spurkranzhohlkehle aus nach außen hin kegelförmig verjüngen. Diese Bauart ist notwendig, weil in Geleiskrümmungen der äußere Schienenstrang eine größere Länge als der innere hat und bei gleichem Durchmesser der Räder das äußere Rad auf der Schiene gleiten würde; dadurch würde aber ein Verdrehen der Achswelle eintreten können, welches zur Bruchgefahr führen kann. Durch die kegelförmige Verjüngung läuft die Achse aber außen auf einem größeren Durchmesser wie innen, weil das Fahrzeug infolge der Fliehkraft beim Durchfahren der Krümmung nach außen gedrängt wird.

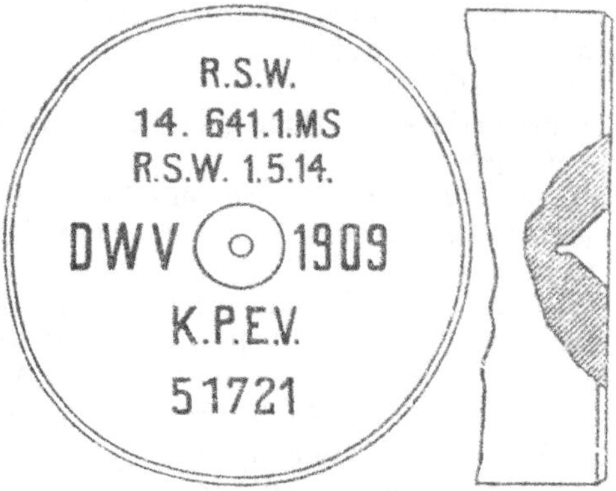

Abb. 5.

Die Räder müssen Spurkränze haben, deren Höhe, über dem Laufkreis gemessen, nicht weniger als 25 mm und auch bei größter Abnutzung nicht mehr als 36 mm betragen darf. Die geringste Spurkranzhöhe ist vorgeschrieben, damit das Rad sicher in dem Geleise läuft; die größte Höhe darf nicht überschritten werden, weil sonst in Weichenherzstücken oder Spurrinnen nicht die Lauffläche des Rades, sondern der Spurkranz auflaufen würde. Bei ungleicher Abnutzung der beiden Spurkränze einer Achse muß die Stärke des am meisten abgenutzten Spurkranzes, 10 mm außerhalb des Laufkreises gemessen, noch mindestens 20 mm betragen.

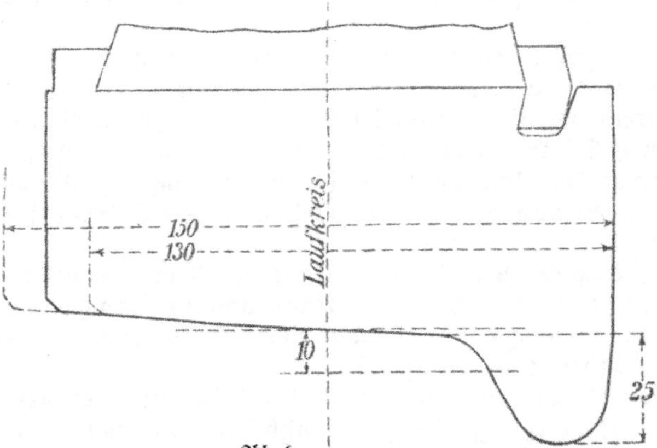

Abb. 6.

Im Geleise von 1435 mm Spurweite darf der Spielraum der Spurkränze, gemessen nach Verschiebung der Achse, bis zum Anlauf an die andere Schiene und 10 mm unterhalb des Laufkreises, nicht unter 10 mm und bei größter Abnutzung nicht über 25 mm betragen.

Bei noch größerem Spielraum würde das gegenüberliegende Rad nicht mehr voll auf der Schiene laufen, dadurch würde Entgleisungsgefahr entstehen.

Die Räder einer Achse müssen auf der Achswelle **unverrückbar** befestigt sein.

Eine Wagenachse besteht aus sieben Teilen, nämlich Achswelle, zwei Radsternen oder Radscheiben, zwei Radreifen und zwei Sprengringen.

Die Spurweite beträgt auf russischen Bahnen 1524 mm, in Irland 1600 mm, Spanien und Portugal 1680 mm, bei den übrigen europäischen Staaten 1435 mm. Für Kleinbahnen ist in Deutschland 1000 und 750 mm, in Preußen noch 600 mm Spurweite zugelassen.

b) **Lieferungsbedingungen.**

1. Bezeichnungen der einzelnen Teile. Auf den Stirnflächen der Achswellen ist mit 10 mm hohen Zeichen oberhalb des Körners einzustempeln: Firmenzeichen des Lieferers für den Baustoff und Bezeichnung der Schmelzung des Baustoffs der Achswelle (Jahreszahl, Schmelzungs- und Stücknummer). In 15 mm hohen Zeichen unterhalb des Körners: die Eigentumsverwaltung und die Bahnnummer. In gleicher Höhe mit dem Körner links D. W. V. rechts 1909 bzw. 1913. Der Tag der Inbetriebnahme der Achse wird von der abnehmenden Hauptwerkstätte eingestempelt.

D. W. V. (Deutscher Wagen-Verband) bezeichnet die Bauart der Achse.

Die Firmenzeichen sind notwendig, um bei etwaigen Ersatzansprüchen infolge Schadhaftwerden des Stückes den Lieferer feststellen zu können.

Auf der äußeren Ringfläche der Radreifen, 17 mm von der Innenkante des rohen Reifens, ist die Fabriknummer, das Firmenzeichen des Lieferers in 15 mm hohen Zeichen, sowie die Jahreszahl, Schmelzungs- und Stücknummer einzuschlagen. Radreifen aus Tiegelstahl erhalten vor der Jahreszahl noch die Bezeichnung Tg. Die Zeichen sind so tief einzuschlagen, daß sie noch nach dem Abdrehen sichtbar bleiben.

Auf der äußeren Stirnfläche der Nabe des Radreifens ist das Firmenzeichen des Lieferers, das Lieferjahr und die Eigentumsverwaltung in 15 mm hohen Zeichen 2 mm tief und der Aufpressungsdruck in 10 mm hohen Zeichen einzuschlagen.

2. Herstellung der Radsatzteile. Zu den Achswellen sind durchweg fehlerfreie gleichmäßige Gußblöcke durch Hämmern oder Pressen auszustrecken. Einzeln ausgeschmiedete Achswellen sind aus Blöcken zu fertigen, deren Querschnitt mindestens viermal so groß sein muß wie der der roh vorgeschmiedeten Achswelle. Werden die Achswellen aus vorgewalzten Blöcken geschmiedet, so muß der mittlere Querschnitt der Blöcke mindestens achtmal so groß sein, und

derjenige der roh vorgeschmiedeten Blöcke wenigstens doppelt so groß wie der der roh vorgeschmiedeten Achswelle. Durch diese vorgeschriebene Bearbeitung wird ein möglichst fehlerfreies Material erzeugt.

Die Lagerstellen sollen geschlichtet und poliert und im zylindrischen Teil auf genaues Maß geschliffen werden; dabei sind Abweichungen von 0,1 mm darüber oder darunter zulässig. Die Lagerstellen müssen vollkommenen Hochglanzspiegel aufweisen. Jedes Bearbeiten mit der Feile ist verboten. Die Körner sind vor dem Fertigdrehen der Achswelle genau nach Zeichnung herzustellen.

Die Radkörper sind auf Schwerpunktlage zu untersuchen. Das Übergewicht darf 0,5 kg nicht übersteigen. Die Radkörper müssen an der Auflagerfläche der Reifen und an der Stirnfläche von Nabe und Felgenkranz, tunlichst auch an der Mantelfläche der Nabe glatt abgedreht werden. Nabe und Felgenkranz müssen überall gleich stark sein. Ungleiche Schwerpunktlage erzeugt beim Rotieren der Achse Schwingungen nach außen, welche den Wagenlauf ungünstig beeinflussen.

Die Radreifen müssen aus fehlerfreien, gleichmäßig dichten Gußblöcken durch Hämmern oder Pressen und durch Walzen angefertigt werden. Nach dem Auswalzen sind sie vor rascher Abkühlung zu schützen. Beim Ausdrehen der inneren Auflagerfläche und der Sprengringnuten sind scharfe Kanten und Ecken zu vermeiden.

Der Radreifen ist mit einem Schrumpfmaß von 1 mm auf je 1 m Durchmesser warm aufzuziehen und durch Sprengring zu befestigen. Nach dem Einlegen des Sprengrings müssen die Reifen über den ganzen Umfang sorgfältig abgedreht werden. Die Fuge zwischen den Enden des Ringes soll nicht mehr wie 1 mm klaffen. Die Lauf- und Stirnflächen der Radreifen dürfen erst nach dem Zusammenbau des Radsatzes auf das vorgeschriebene Maß abgedreht werden. Beide Räder eines Satzes müssen gleichen Laufkreisdurchmesser erhalten. Die Laufkreisebenen müssen von der Mitte der Achsschenkel gleichweit abstehen. Die fertigen Radsätze müssen genau rund laufen.

Die Radkörper sind mit Wasserdruck aufzupressen. Der Druck muß nach 20 mm Weg beginnen und stetig ansteigen. Der Enddruck soll zwischen 400 und 700 kg für jedes mm Durchmesser der Nabe betragen. Demnach muß ein Radkörper von 150 mm Nabendurchmesser mit einem Druck von mindestens 60 000 kg und höchstens 105 000 kg aufgepreßt werden. Bei zu geringem Druck entsteht die Gefahr des Losewerdens des Radkörpers, bei zu hohem Druck entstehen Spannungen, welche zu Brüchen des Radkörpers führen können.

Die fertigen Radsätze sind mit einem säurefreien Fettüberzug zu versehen, welcher als Rostschutz dient.

c) **Aufziehen der Radreifen.** Der fertig gedrehte Radreifen wird allgemein auf einem Gasfeuer erwärmt, er dehnt sich dadurch aus, so daß das Radgestell in den Reifen eingesetzt werden kann. Der auf Länge hergerichtete und rund gewalzte Sprengring wird in die Nut des Radreifens eingebracht; durch Walzen oder Hämmern von Hand oder mit Luftwerkzeugen wird der Ansatz des Reifens fest gegen den Sprengring gedrückt. An vier Stellen des Umfangs wird mit einem flachen Setzhammer das Material des Ansatzes in einer Breite von 40—50 mm durch kräftige Hammerschläge in den Sprengring getrieben, um ein Verdrehen der einzelnen Teile gegeneinander zu verhindern.

2. Achsbuchsen (Siehe Abb. 7—10).

Kein Teil der Eisenbahnwagen hat so viele Formveränderungen erfahren wie die Achsbuchsen. Es sind noch heute so viel verschiedene Bauarten vorhanden, daß es zu weit führen würde, alle besonders zu beschreiben. Außer der verschiedenen Form sollen alle Achsbuchsen die nachstehend beschriebenen Bedingungen erfüllen und gemäß den technischen Vereinbarungen in bezug auf ihre Bauart bestimmte Abmessungen und Formen aufweisen.

Zur Zeit werden alle neuen Personen- und Güterwagen mit einer bestimmten Form von Achsbuchsen für jede Wagengattung geliefert. Beides sind geschlossene aus einem Gußstücke bestehende Hohlkörper, deren Inneres durch besondere Deckel zugänglich ist. Für Personenwagen wird hauptsächlich die Form nach Abb. 7 und 8 mit beweglichem Deckel verwendet. Das Achsbuchsinnere sowie die in demselben befindlichen Teile wie Lager und Schmierapparate können durch Öffnen des Deckels jederzeit besichtigt werden. Für Güterwagen findet die Form nach Abb. 9 und 10 Verwendung, deren Verschlußdeckel am Achsgehäuse mit vier Schrauben befestigt ist. Am Verschlußdeckel ist eine Schmiertülle angegossen, die durch einen Scharnierdeckel verschlossen ist.

Die Einrichtung der Achsbuchse soll einfach sein, einen dichten Verschluß gegen Schmierverlust und Staub gewähren und eine rasche Untersuchung der Achsbuchse ermöglichen. Die für Zeitschmierung eingerichteten Achsbuchsen sollen in Notfällen eine sofortige Nachschmierung gestatten.

Bei Wagen mit Vereinslenkachsen müssen die Achsbuchsen der Endachsen verlängerte Führungsansätze haben, wenn ihre Verschiebbarkeit in den Achshaltern und nicht gleichzeitig mit diesen erfolgt. Jeder Ansatz muß in der Wagenlängsrichtung mindestens 5 mm länger sein als der Gesamtspielraum der Achsbuchse im Achshalter. Die Ansätze müssen in der mittleren Stellung der Achse im geraden Geleis, senkrecht zur Ebene des Achshalters gemessen, mindestens 5 mm von diesen abstehen. Die Achsbuchsen müssen derart mit den Tragfedern verbunden sein, daß beide weder gegeneinander sich verschieben noch voneinander abkippen können. Die Verbindung beider muß entweder starr sein oder eine Drehung um die Senkrechte durch die Längsmitte des Achsschenkels zulassen.

An den Achsbuchsen muß die Auflagerfläche für den Federbund eben und sauber bearbeitet sein. Die Achse des Loches für den Federbundzapfen muß senkrecht zur horizontalen Achse des Lagers und zur Auflagerfläche des Federbundes stehen.

Die Achsbuchsdeckel sind aus Gußeisen herzustellen, die Achsbuchsen ebenfalls, wenn nicht deren Herstellung aus Flußstahl oder Flußeisenformguß besonders vorgeschrieben wird.

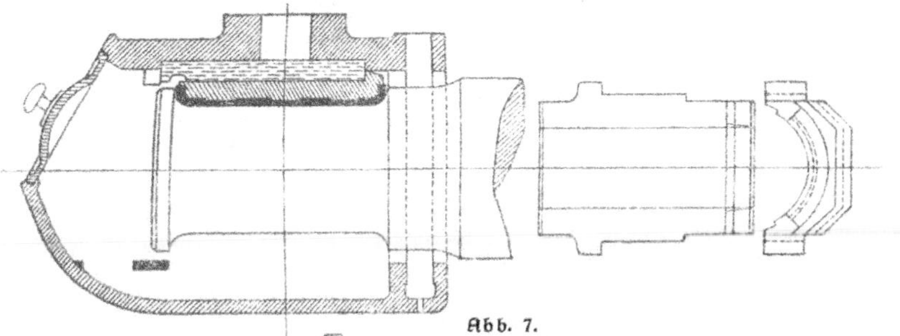

Abb. 7.

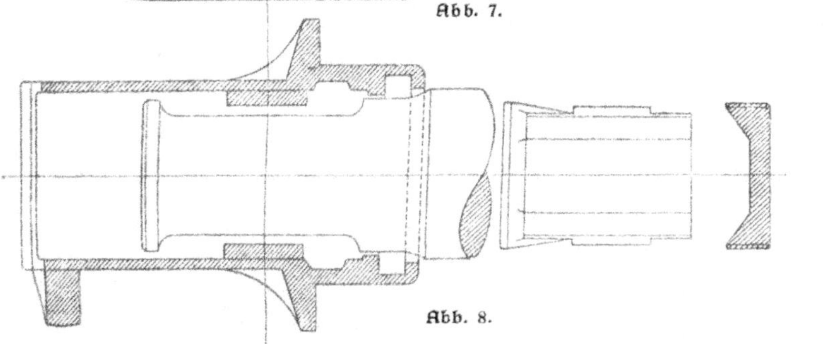

Abb. 8.

Die fertige Achsbuchse muß genau nach den dafür maßgebenden Zeichnungen der Eisenbahnverwaltung angefertigt sein. Die einzelnen Teile müssen sich ohne Nacharbeiten gegenseitig miteinander vertauschen lassen. Nachstehende Flächen müssen bearbeitet sein: die Auflagerfläche für den Federbund und das Zapfenloch, die Anlageflächen für den Schmierdeckel und den Verschluß für den hinteren Dichtungsring. Die Führungsflächen für die Achsgabeln, die Anlageflächen für das Achslager und für das Zwischenstück des Lagers.

Die Achslager sind aus Rotguß angefertigt und mit einem Weißmetalleinguß versehen. Die Lager der Endachsen dürfen im neuen Zustande nicht mehr als 1 mm Spiel auf dem Schenkel haben. Für die Mittelachsen der dreiachsigen Wagen mit 8 m Radstand und mehr beträgt das Spiel 24 mm, für die Mittelachsen der dreiachsigen Dreh-

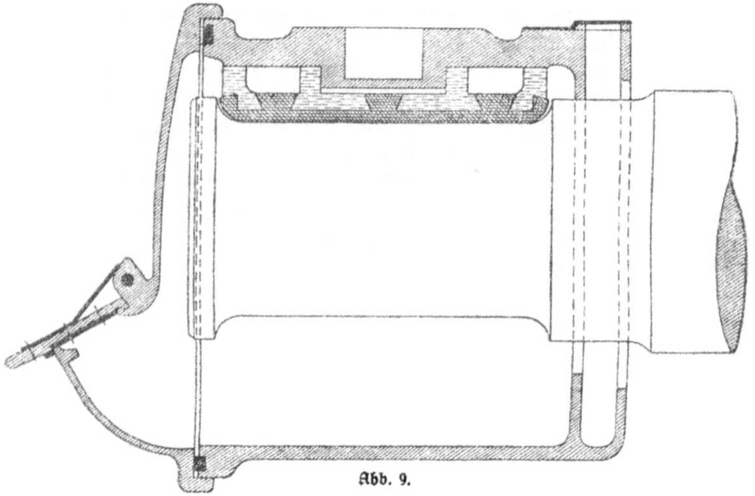

Abb. 9.

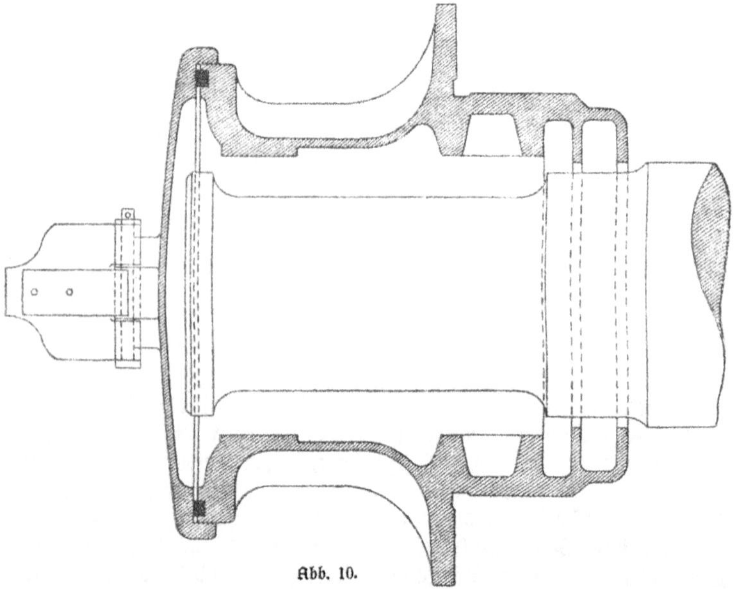

Abb. 10.

gestelle 20 mm und für die Mittelachsen der dreiachsigen Wagen mit 7,5 m Radstand 18 mm. Die Achslager für Güterwagen können auch aus Flußeisenformguß hergestellt werden, sie sind dann aber ebenfalls mit einem Weißmetalleinguß zu versehen. Die Auflagerflächen für das Lager, Zwischenstück und Achsbuchse und die Auflagerfläche für den Federbund müssen genau parallel zueinander sein.

Als Dichtungsring für den hinteren Verschluß der Achsbuchse wird allgemein der Lösewitzsche Dichtungsring verwendet. Der Dichtungsring soll sich an den Notlauf der Achsschenkel infolge eigener Federung dicht anschließen und darf sich im Gehäuse nicht klemmen.

Als Schmierpolster werden verschiedene Formen verwendet, allgemein eingeführt ist das Kleinsche Schmierpolster. Bei Achsbuchsen mit beweglichem Deckel wird das Schmierpolster unter den Achsschenkel in den Ölraum eingebracht, durch schwache Spiralfedern wird das Kissen gegen den Achsschenkel gedrückt, durch Saugdochte wird das Schmieröl dem Kissen zugeführt. Bei den Achsbuchsen mit angeschraubtem Deckel wird das Schmierpolster in einen Blechkasten, der die Form des Unterteils der Achsbuchse hat und als Ölbehälter dient, eingebracht. Im Ölraum der Achsbuchse mit beweglichem Deckel ist ein Ansatz angegossen, der als Ölmarke dient. Im Gehäuse für den Dichtungsring ist an der tiefsten Stelle ein 7mm-Loch gebohrt, um etwa eingedrungenes Wasser abzulassen.

3. Tragfedern, Gehänge und Achshalter (Abb. 11).

Die Wagen müssen mit Tragfedern versehen sein. Für Wagen ohne Drehgestelle werden Blattfedern mit höchstens 13mm Blattstärke und mindestens 1500mm Länge, für Personenwagen und mindestens 1000mm Länge für Güterwagen empfohlen.

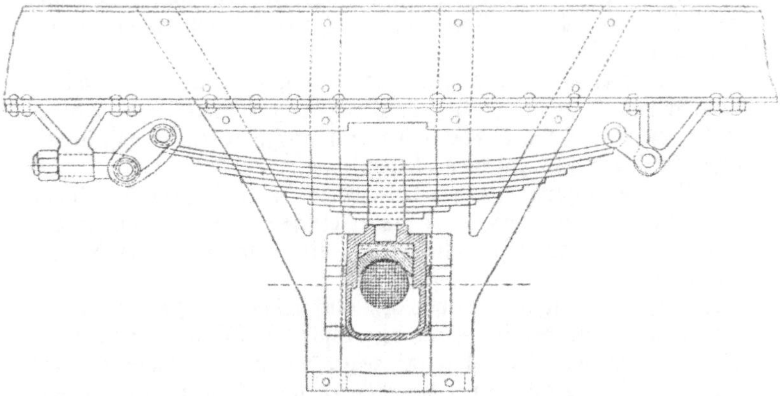

Abb. 11.

Die Tragfedern der Drehgestelle für D-Zugwagen sind 1250mm lang, die der zwei- und dreiachsigen Personenwagen 2000mm und die der Güterwagen 1100mm. Federn, welche die Hauptträger des Wagens ohne Glieder oder Gehänge unmittelbar unterstützen, sind nicht zu empfehlen. Bei den preußisch-hessischen Wagen findet diese Anordnung keine Anwendung.

Bei Wagen mit Vereinslenkachsen müssen die einzelnen Tragfederblätter der Endachsen gegen Verschiebung in ihrer Längsrichtung unter sich und zur Achsbuchse gesichert sein.

Die Federgehänge müssen eine seitliche Bewegung der Federenden gestatten, wenn eine wagerechte Drehung der Feder gegen den Achsschenkel nicht möglich ist. Die Federgehänge der freien Lenkachsen dürfen in der Mittelstellung der Achsen bei leeren Wagen nicht weniger als 30° gegen die Wagenlängsachse geneigt sein. Die Länge der Federgehänge muß die größte Verschiebung der Achsen zulassen, ohne daß die Gehänge sich der wagerechten Lage zu sehr nähern. Bei anderer Federung als durch Vermittlung von Hängelaschen oder Hängeringen müssen gleichwirkende Anordnungen getroffen werden.

Die Tragfedern sind aus gerippten Stahlblättern von 90 mm Breite, unter Zulassung von $\pm$ 0,5 mm und 13 mm Dicke, unter Zulassung von 0,3 mm + herzustellen. Die Rippe verhindert die Seitenverschiebung der einzelnen Lagen gegeneinander. Die Augen für den 30 mm dicken Tragbolzen müssen rechtwinklig zu den Langseiten der Feder gerichtet sein. Die einzelnen Federlagen müssen so gerichtet sein, daß sie beim Aufeinanderlegen überall dicht schließen, ohne gespannt zu werden. Vor dem Zusammensetzen sind die einzelnen Lagen mit einem Gemisch von Talg und Öl zu streichen.

Bei den Federbunden muß der Zapfen gedreht sein, die Mitte des Zapfens muß gleichweit von der Mitte der beiden Augen der oberen Federlage abstehen, die untere Fläche des Federbundes muß genau parallel mit der Ebene liegen, die durch die Mittellinie der beiden Federbolzen geht.

Ist der Federbund glatt geschmiedet, so genügt auf den Flächen, die nicht mit anderen Flächen in Berührung kommen, ein sauberes Abschleifen. Die Federbunde sind warm aufzuziehen, so daß sie die einzelnen Lagen fest zusammenhalten.

Erfolgt die Sicherung gegen Verschieben der einzelnen Federlagen durch einen Keil, so muß dieser sauber eingepaßt werden und in den Nuten der Federlagen so anliegen, daß ein festes Antreiben der Lagen erzielt wird.

Die einzelnen Lagen sind vor dem Aufziehen des Federbundes so zu härten, daß die fertige Feder bei größter Belastung des Fahrzeuges keine bleibende Durchbiegung zeigt, wenn der Wagen entleert worden ist. Zum Nachprüfen der fertigen Tragfedern dienen Federpressen oder Probiermaschinen. Die belastete Feder kann auf diesen Maschinen in Schwingung versetzt werden.

Die Tragfedern sind bei dreiachsigen Wagen mit Lenkachsen an Federstützen und Gehängekloben, bei zweiachsigen Wagen durch Gehänge ohne Spannvorrichtung an Federstützen aufzuhängen, die an die untere Fläche der Hauptträger genietet werden.

Die Federstützen müssen genau parallel zur Längsachse des Wagens stehen, gleiche Abstände von Mitte zu Mitte Achse haben und so angebracht werden, daß nach dem Einsetzen der Feder nicht ein einseitiger Druck auf die Achslager ausgeübt wird.

Die Federstützen sind aus einem Stück ohne Schweißung herzustellen, mit der Feile zu bearbeiten oder zu schleifen, die Anlageflächen der Laschen sind zu fräsen und das Bolzenloch zu bohren. Am Längsträger müssen die Federstützen genau zur Anlage kommen.

Die Bügel, Schaken und Ringgehänge sind durch Einsetzen so zu härten, daß eine mindestens 1 mm dicke gehärtete Schicht an der Oberfläche entsteht. Die Federspannschrauben erhalten feines Gewinde, und zwar 10 Gang auf ein Zoll englisch. Ausgenommen hiervon sind die Gehänge der Drehgestellwiege, die ein gröberes Gewinde haben.

Die Achshalter sind so genau anzubringen, daß sie parallel liegen und ihre diagonalen Entfernungen vollkommen übereinstimmen. Gepreßte Achshalter sind mit Führungsleisten zu versehen, die innen und außen gehobelt oder gefräst sind. Als Material für Federbunde, Stützen und Gehänge sowie deren Bolzen wird Flußeisen verwendet.

Die Gehängekloben ohne Spannvorrichtung sind einseitig hergestellt, d. h. das Bolzenloch für die Hängeglieder ist um 12 mm gegen die Mittelachse des Klobens versetzt, so daß durch Drehen des Klobens um eine Halbwendung das Loch 24 mm höher oder niedriger zu stehen kommt; es ist damit die Möglichkeit gegeben, den Wagen nach Abnutzung der Radreifen um 24 mm höher im Pufferstand zu bringen. Die Hängeglieder können ebenfalls durch Auswechseln gegen längere oder kürzere zur Berichtigung des Pufferstandes bei abgelaufenen Radreifen benutzt werden. Als Hängeglieder werden Ring- oder Ovalform und Laschen- oder Schakenform verwendet.

4. Zug- und Stoßvorrichtungen (Abb. 12–14).

a) **Aus den technischen Vereinbarungen.** An beiden Stirnseiten der Wagen sind federnde Zug- und Stoßvorrichtungen anzubringen. Die Höhe der Mitten der Zug- und Stoßvorrichtungen über Schienenoberkante wird für leere Fahrzeuge auf 1040 mm festgesetzt, wobei Abweichungen von 25 mm darüber oder darunter zulässig sind.

Bei größter Belastung der Fahrzeuge muß die Mitte der Zug- und Stoßvorrichtungen noch mindestens 940 mm über Schienenoberkante liegen, bei Wagen mit Übergangsbrücken noch mindestens 980 mm. Die Länge, um welche die Zugvorrichtung gegen die Kopfschwelle hervorgezogen werden kann, darf nicht unter 50 mm und nicht über 150 mm, bei Wagen mit Übergangsbrücken jedoch nicht mehr als 65 mm betragen, andernfalls würden die Übergangsbrücken die Fühlung zueinander verlieren.

Die Puffer haben von Mitte zu Mitte einen Abstand von 1750 mm, Abweichungen von 10 mm darüber oder darunter sind zulässig. Die

Eindrückung der Puffer darf 150 mm nicht übersteigen und darf nicht kleiner als 70 mm sein. Bei neuen Wagen muß der Abstand der vorderen Pufferfläche von der Kopfschwelle des Wagens bei nicht eingedrückten Puffern mindestens 575 mm betragen.

Vom Fahrzeug aus gesehen, muß die Stoßfläche des linken Puffers eben, die des rechten gewölbt sein. Diese Wölbung muß bei neuer Scheibe mindestens 25 mm Höhe haben. Der Durchmesser der Pufferscheiben muß mindestens 340 mm betragen, darf jedoch bei Wagen mit Übergangsbrücken und Faltenbalgen 450 mm nicht übersteigen.

Gegen Verdrehung gesicherte Pufferscheiben mit einem Durchmesser von mehr als 340 mm dürfen oben und unten wagerechte Abgrenzungen erhalten, die von der Mitte der Scheibe 170 mm abstehen müssen. Die Zughaken sind genau nach Zeichnung herzustellen. An

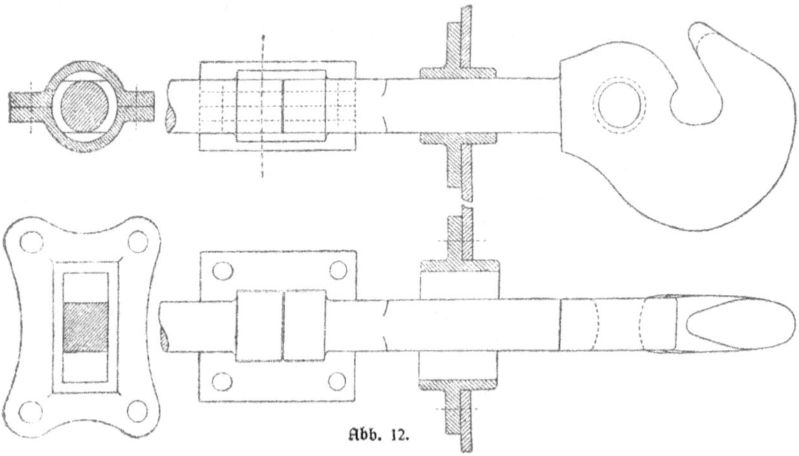

Abb. 12.

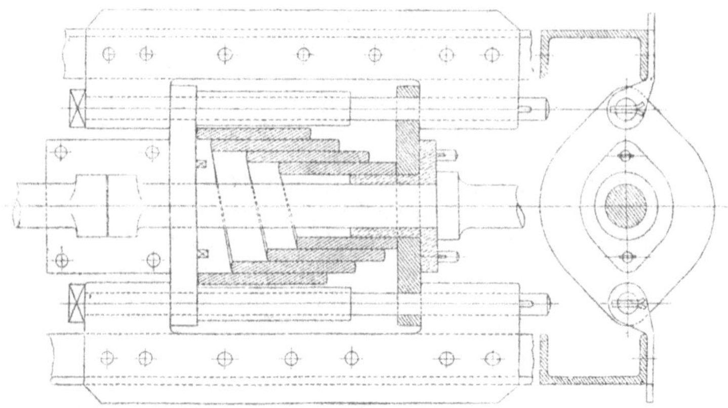

Abb. 13.

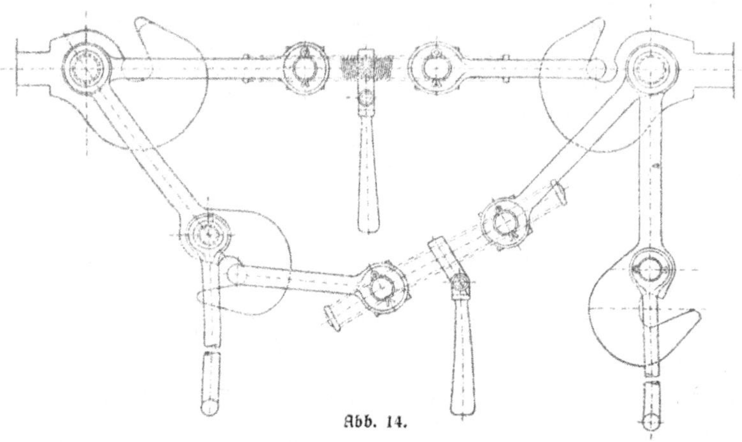

Abb. 14.

Wagen mit Übergangsbrücken und unten geschlossenen Faltenbalgen darf die Höhe der Zughakenspitze über die Mitte der Zugvorrichtung höchstens 75 mm betragen.

Die Angriffsfläche des nicht angezogenen Zughakens muß gegen die Stoßflächen der nicht zusammengedrückten Puffer im regelrechten Zustande 370 mm zurückstehen, wobei Abweichungen bis zu 25 mm darüber oder darunter zulässig sind.

Alle Wagen sind mit durchgehenden Zugstangen zu versehen. Ausnahmen sind nur für die zu besonderen Zwecken gebauten Wagen zulässig.

Die Zugstange soll im Fall der Verwendung von Flußeisen mindestens 45 kg je qmm Festigkeit, im runden Querschnitt einen Durchmesser von 50 mm erhalten. Die übrigen Teile der Zugvorrichtung müssen in der Längsrichtung des Fahrzeuges mindestens die Widerstandsfähigkeit der Zugstange besitzen. Die Zugstange ist mit einem Fangkeil zu versehen, welcher beim Bruch der Zugstange an der Kopfschwelle Widerstand findet.

Die Wagen sind an beiden Stirnseiten mit Schraubenkuppelungen zu versehen, deren Abmessungen genau mit den dafür maßgebenden Zeichnungen übereinstimmen müssen. Die Fahrzeuge müssen sich mit der Kuppelung so miteinander verbinden lassen, daß beim Bruch der Hauptkuppelung die Sicherheitskuppelung in Wirksamkeit tritt.

b) **Aus den gemeinsamen Bestimmungen für die Lieferung von Verbandswagen.** Die Pufferstangen sind ganz zu überdrehen und mit dem Pufferteller zu vernieten. Als Pufferstangenverschluß ist eine Mutter mit teilweise eingelassenem Splintkeil zu verwenden. Die Pufferhülsen sind zweiteilig und mit je vier Schrauben auf der Unterlagsplatte am Untergestell zu befestigen. Die Köpfe der Pufferhülsen sind an der Stirnfläche und der Innenseite abzudrehen. Die unteren Flächen der Füße sind sauber und glatt herzustellen. Die einzelnen Teile müssen gleichmäßig sein, daß sie ohne Nacharbeit ausgewechselt werden können.

Die Schneckenfedern für die Zug- und Stoßvorrichtungen sind aus Stahl von 150 mm Breite und 14,5 mm Stärke herzustellen, die kleinste und größte Windung werden in der Dicke nach den Enden zu verjüngt. Die Endflächen der Federn müssen parallel zueinander sein und zur Längsachse senkrecht stehen. Die Federn sind sorgfältig zu härten und dürfen keine fehlerhaften Stellen haben. Etwaiger Grat ist zu beseitigen.

Der Zughakenschaft von 375 mm Länge erhält an seinem Ende einen Verbindungskopf, der nicht anzustauchen, sondern anzuschmieden ist. Der runde Teil der Zugstange ist zweiteilig, die einzelnen Teile sind unter sich und mit dem Zughaken durch Muffen zu verbinden. Die Muffe ersetzt den Fangkeil.

Die Zughakenführungen, deren Schlitzbreite bei Wagen bis zu 4,5 m Radstand einschließlich 120 mm bei Wagen mit mehr als 4,5 m Radstand 230 mm beträgt, müssen saubere Anlage- und Führungsflächen haben. Die Schraubenlöcher sind zu bohren.

Die Gewinde der Schraubenspindeln sind genau nach Vorschrift rein auszuschneiden und bis zur Mitte der Spindel durchzuführen. Der Schwengelbund ist unter kräftigem Druck in die Gewindegänge warm einzupressen. Nach dem Aufziehen des Schwengelbundes sind die Spindeln sorgfältig auszuglühen, aber so, daß kein Zundern eintritt. Der Bolzen zur Befestigung des Schwengels am Schwengelbund wird vernietet. Die Anlageflächen für die Laschen und Bügel und die Stirnflächen der Muttern sind sauber zu bearbeiten und die Zapfen abzudrehen.

Sämtliche Teile der Schrauben- und Sicherheitskuppelung sind aus einem Stück ohne Schweißung herzustellen. Die Laschen und Bügel sind durch Ausstrecken aus einem der Dicke der Augen entsprechenden Stück zu fertigen. Die einzelnen Teile müssen so genau gearbeitet sein, daß gleichartige Stücke ohne jede Nacharbeiten beliebig vertauscht werden können. Die Kuppelungsbolzen sind abzudrehen. Die Bolzensicherung erfolgt durch Scheibe und Splint.

c) **Ausgleichpuffer** (Abb. 15). Die technischen Vereinbarungen empfehlen für Wagen mit einem Radstand von mehr als 7,5 m Radstand oder Drehzapfenentfernung bei Wagen mit Drehgestellen die Anwendung von Ausgleichpuffern. Die Puffer sind durch Hebel und Verbindungsstange gegenseitig in Abhängigkeit gebracht, so daß der eine Puffer hervortritt, wenn der andere eingedrückt wird. Die vordere gewöhnliche Schneckenfeder kommt erst zur Wirkung, wenn die hintere Schraubenfeder bereits 70 mm angespannt ist, letztere Feder wird außerdem noch mit einer Vorspannung von 60 mm eingesetzt. Die schwache 10 mm dicke Schraubenfeder bewirkt bei unbelasteten

Puffern eine Mittelstellung der Hebelanordnung. Auf das hintere Ende der Pufferstange ist eine Hülse gesetzt, die bei Abnutzung leicht ausgewechselt werden kann. Durch diese Hülse wird die Pufferstange

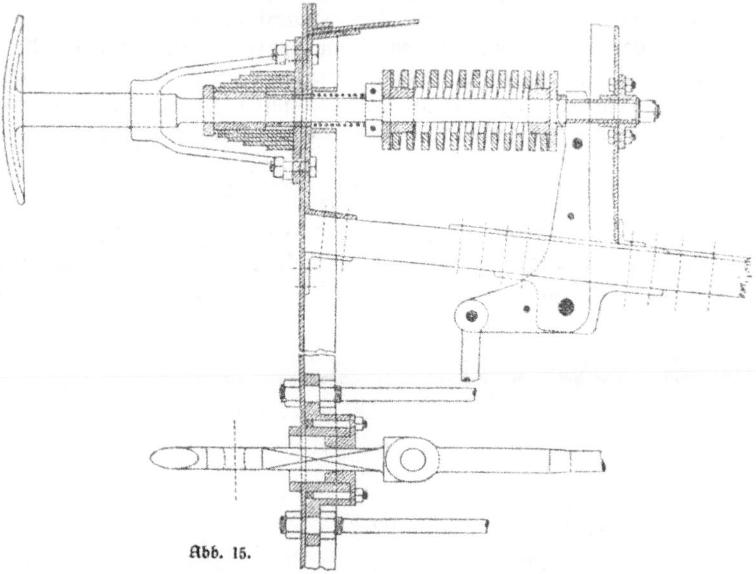

Abb. 15.

nicht dem Verschleiß ausgesetzt. Die vordere Schneckenfeder wird ebenfalls durch eine Hülse geführt. Bei Bewegung der Puffer schleift nur das vordere 75 mm dicke Stück in der Führung der Pufferhülse, die sonstigen Teile der Pufferstange sind dem Verschleiß nicht ausgesetzt. Wagen mit Ausgleichpuffer laufen ruhiger und sicherer durch Geleiskrümmungen und tragen dadurch wesentlich zur Betriebssicherheit bei.

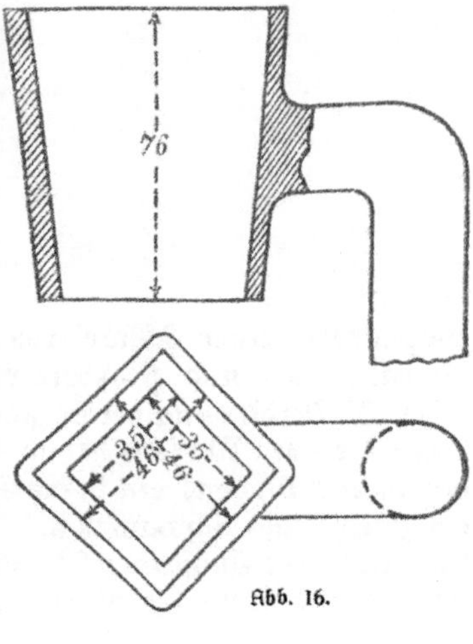

Abb. 16.

5. Signalstützen, Aufsteigtritte und Griffe.

Alle mit Handbremse ausgerüsteten Personen-, Post- und Gepäckwagen sowie bedeckten Güterwagen sind mit festen Signalstützen ausgerüstet.

Bei Neubauten sind die Stützen auch an geeigneten offenen Güterwagen anzubringen.

Die Hülsen der Signalstützen (siehe Abb. 16) haben die Form einer abgestumpften Pyramide mit quadratischem Querschnitt von 46 mm oberer und 35 mm unterer lichten Seitenlänge bei 76 mm Höhe derselben. Die Seiten der Hülsen sind 45° zur Wagenachse gestellt. Die Signalstützen der Wagen müssen durch Aufsteigtritte und Handgriffe am gleichen Wagenende zugänglich gemacht werden.

Die Personenwagen, die auf außerdeutsche Bahnen übergehen, müssen mit Signalstützen versehen sein, wie solche für die zu befahrenden Bahnen vorgeschrieben sind. Dieselbe Forderung wird auch an fremde Wagen gestellt, die auf deutsche Bahnen übergehen.

6. Kurzkuppelung (Abb. 17).

Die Stadtbahn- und Vorortzugwagen sind zu je zwei Wagen durch eine Kurzkupplung verbunden. Durch diese Bauart wird der Zug bei gleicher Wagenzahl kürzer. Die durch Kurzkupplung verbundenen

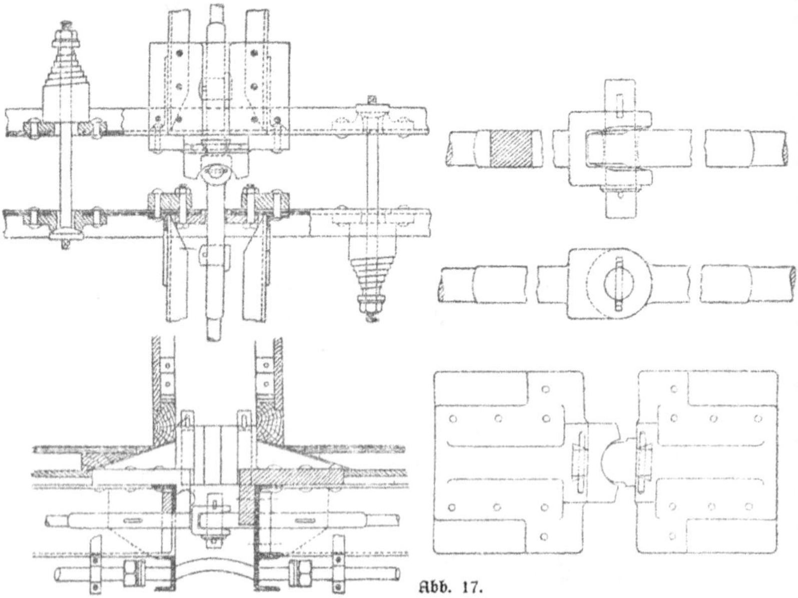

Abb. 17.

Wagen haben einen Abstand von 250 mm voneinander, während bei normalen Zug- und Stoßvorrichtungen der Abstand 1200 mm beträgt. Die Verbindung der Zugstangen erfolgt durch Bolzen. Die Zugstange des einen Wagens hat an einem Ende eine Gabel, während die des anderen Wagens ein in die Gabel passendes Augenstück hat. Um ein gegenseitiges Schwanken und Längsstöße der Wagen zu verhüten, sind seitlich der Zugstange Schneckenfedern, wie solche zu den normalen Zug- und Stoßvorrichtungen verwendet werden, angebracht. Die

Führung erfolgt durch je einen Bolzen, der an einem Ende mit linsenförmigem Kopf in einem entsprechend geformten Gußstück ruht. Dadurch wird die Einstellung der Wagen beim Durchfahren von Krümmungen erleichtert. Um eine Entlastung der Federn bei Einstellung in Krümmungen zu verhüten, werden die Federn mit Vorspannung eingesetzt. Die Führung der Wagen gegeneinander erfolgt durch Stahlgußpuffer und Pfanne, die in der Mitte des Wagens über der Zugvorrichtung angebracht sind. Die Puffer und Pfannen sind leicht auswechselbar.

Im übrigen sind die Abmessungen der Zugvorrichtung der Kurzkupplung in bezug auf den Querschnitt unter Berücksichtigung der technischen Vereinbarungen hergestellt.

E. Beschreibung und Verwendung der verschiedenen Wagengattungen.

I. Güterwagen.

1. **Offene Güterwagen mit Holzwänden** (Abb. 18 und 19). Die Eisenbahngüterwagen weisen eine große Verschiedenheit in der Bauart des Wagenkastens auf, je nach der Beschaffenheit der Güter, für deren Beförderung sie bestimmt sind. Auch die Bauart des Untergestells wird hierdurch häufig beeinflußt, hauptsächlich, wenn es sich um Beförderung sehr großer oder schwerer Gegenstände handelt, oder um Massengüter, die durch den Wagenboden entleert werden sollen.

Zunächst werden die Güterwagen in offene und bedeckte eingeteilt. Erstere dienen zur Beförderung von Massengütern, welche ohne Schaden während der Fahrt den Einflüssen der Witterung ausgesetzt werden dürfen, wie Kohlen, Torf, Eisen, Erze usw. Letztere werden zur Beförderung leicht verderblicher oder unter Verschluß zu haltender Güter sowie zur Beförderung von lebendem Vieh mit oder ohne Begleiter benutzt.

Außerdem gibt es noch zahlreiche Ausführungen von Güterwagen für besondere Zwecke, zur Beförderung von Massengütern mit besonderen Einrichtungen für schnelle Entladung, zur Beförderung von langen Hölzern und Eisen, von Nahrungsmitteln, feuergefährlichen Flüssigkeiten und andere mehr.

Normale Güterwagen haben durchweg eine Ladefähigkeit von 15 t, in neuerer Zeit werden vielfach solche von 20 t Ladefähigkeit gebaut. Diese werden fast ausschließlich zur Kohlenbeförderung benutzt und sind meistens mit Luftdruckbremse, Bauart Kunze-Knorr, ausgerüstet.

Das Untergestell der Güterwagen besteht allgemein aus den Seitenträgern, den Kopfstücken, Diagonal- und Querträgern. Als Baustoff wird ⊔- oder ∟-Eisen verwendet, seltener I-Eisen, dann aber hauptsächlich zu Langträgern. Durch die Diagonalstreben erhält das Untergestell die nötige Widerstandsfähigkeit gegen Formveränderung. Zwischen den Langträgern und den Diagonalstreben sind die Puffer angebracht. Durch diese Anordnung wird ein möglichst großer Widerstand gegen Verschiebung des Untergestells bei Rangierstößen erreicht. Der Stoß gegen die Puffer wird hierbei von den Langträgern und Diagonalstreben aufgenommen. Die inneren Langstreben nehmen den Zug am Zughaken auf. Durch angebrachte Querstreben sind die Langstreben mit den Seitenträgern und Diagonalstreben verbunden und dadurch gegen Verbiegen genügend versteift. Zwischen den inneren Langstreben läuft die Zugstange. Der Zugapparat ist in der Wagenmitte angebracht. Die Verbindung der einzelnen Träger und Streben erfolgt durch Winkel- und Knotenbleche. Die einzelnen Teile sind durch Nietung zusammengefügt und sollen ohne Spannung zusammenpassen. Die Nietlöcher müssen gebohrt sein und Loch auf Loch genau passen, von außen sollen die Nietlöcher etwas ausgesenkt sein. Zur Befestigung der Seitenwände sind Konsole an den Langträgern angebracht. Bei Wagen, die zu militärischen Zwecken verwendbar sind, müssen die Seiten- und Kopfwände abnehmbar sein. Zum Ausheben der Seitenwände sind an der unteren Kante der Wände Aussparungen vorgesehen, die mit Eiseneinfassung armiert sind, um Beschädigungen des Holzes beim Ausheben zu vermeiden. Die Wände bestehen aus Kiefernholz und stoßen sattelförmig zu-

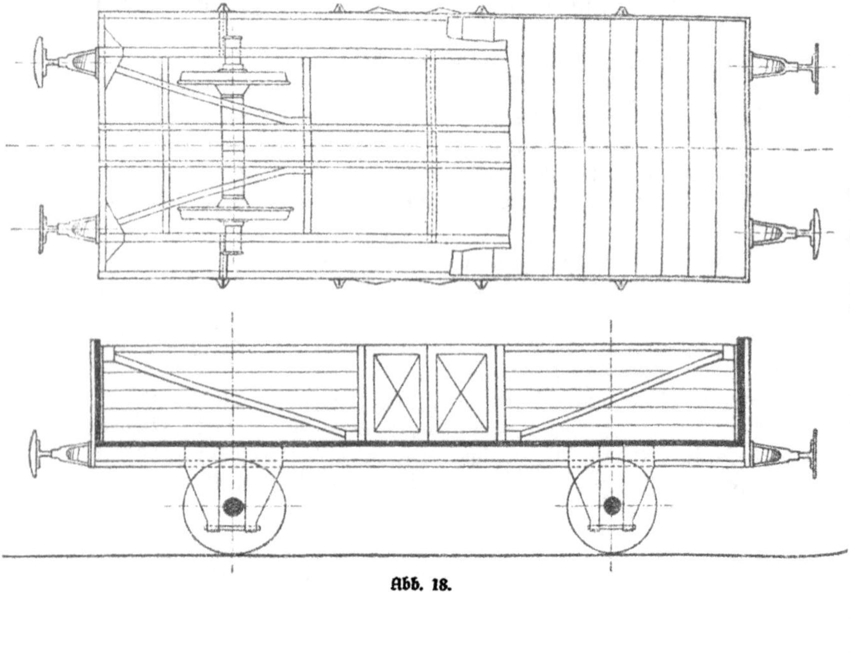

Abb. 18.

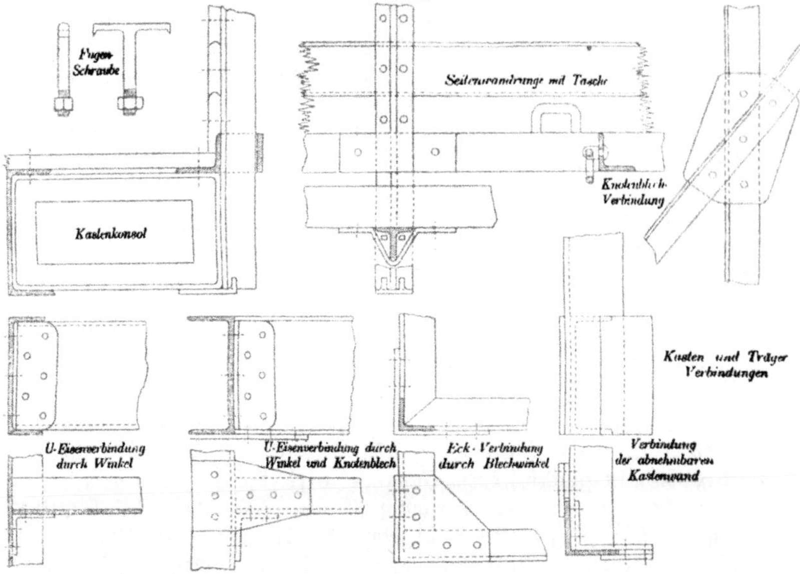

Abb. 19.

sammen; dadurch wird ein dichter Schluß erreicht und der Widerstand der einzelnen Bretter gegen den Druck der Ladung vergrößert. Die Wände der normalen offenen Güterwagen sind höher als 40 cm. Die Seitenwände sind gegen Verziehen mit diagonalen Zugbändern versehen, die Längskanten und Hirnenden sind mit L-Eisen eingefaßt, außen sind sie durch ⊔- oder T-Eisenrungen versteift, die nach unten bis zur tiefsten Stelle der Konsole verlängert sind und in entsprechende Kloben, welche an der Fußbodeneinfassung angebracht sind, eingreifen; unter den Konsolen ist noch ein Kloben mit aufgebogenem Ende angenietet, auf den sich die ⊔- oder T-Eisenrunge stützt, durch den aufgebogenen Winkel an dem Kloben wird das Schwanken der Seitenwand verhütet. Die Rungen sind durch Kopfschrauben an den Konsolen befestigt, um ein unbeabsichtigtes Heben der Wände zu verhindern. An den Enden der Seitenwände sind kräftige Winkeleisen angebracht, die über die Seitenwände hinaus nach unten verlängert sind und in entsprechend passenden Führungen am Kopfstück mit beiden Schenkeln eingreifen.

Die Kopf- oder Stirnwand ist oben in Lagern drehbar und läßt sich nach oben herausnehmen, gegen unbeabsichtigtes Ausheben ist bei einer älteren Bauart durch das Drehzapfenlager über dem Zapfen eine Kopfschraube eingezogen. Eine neuere Bauart ist derart, daß das Ausheben der Kopfwand nur stattfinden kann, wenn dieselbe unten abgeklappt wird. Durch die aufgeklappte Kopfwand lassen sich die Wagen durch Kippvorrichtungen leichter und schneller entladen. Die Kopfwand ist durch ⊔- oder L-Eisen verstärkt, der Verschluß wird unten durch eine Daumenwelle bewirkt. Die Daumen legen sich durch Drehung der Welle gegen die vorerwähnten ⊔- oder L-Eisen. Gegen unbeabsichtigtes Lösen ist ein Überwurf angebracht, der im geschlossenen Zustande der Stirnwand über den Handgriff der Daumenwelle gelegt wird.

Die Fußbodenbretter sind in den Fugen überblattet und werden mit Fugenschrauben auf dem Untergestell befestigt. An mehreren Stellen des Fußbodens sind Löcher zum Wasserabfluß eingebohrt. Der Fußboden ist mit einer Einfassung von L- oder T-Eisen versehen, an der eiserne Ringe angebracht sind, durch die Stricke geschlungen werden können, wenn eine Ladung durch Plane gegen Witterungseinflüsse besonders geschützt werden soll.

Die Seitentüren sind von 5 mm dicken Buckelblechen hergestellt und durch L- oder T-Eisen verstärkt. Die Türen sind nach außen aufklappbar, in geschlossenem Zustande wird die eine Tür von der anderen festgehalten. Als Verschluß ist oben ein Doppelhebel und unten ein Riegel mit Hebel angebracht. Der obere Verschluß ist durch einen Überwurfhaken gegen unbeabsichtigtes Öffnen gesichert. Die an dem Doppelhebel angeschmiedete vorspringende Nase greift über das Winkeleisen der Nebentür und hält beide Türen in der Längsrichtung zusammen. Die Wagen werden mit und ohne Bremse gebaut. Die Bremserhäuschen sind von beiden Seiten zugänglich und müssen von drei Seiten geschlossen sein. Oben müssen die Häuschen überdacht sein. Nicht vollständig geschlossene Bremsersitze müssen mit Schutzgeländern versehen sein. An jeder Wand sind Fenster angebracht, von denen eins nach jeder Richtung zu öffnen ist. Zur Anwendung kommen allgemein Fallfenster. Nach vorn ist das Bremserhäuschen im oberen Teil innen nischenförmig ausgebaut, einmal, damit Platz für das Drehen der Bremskurbel vorhanden ist, zum andern, um dem Personal zum Unterbringen der Reisevorräte Gelegenheit zu geben. Der Verschluß der Türen an vollständig geschlossenen Bremserhäuschen erfolgt außer durch einfaches Fallenschloß mit Drückerhebel noch durch besonderen Vierkantdornverschluß.

Alle Güterwagen sollen mit Seilösen ausgerüstet sein, und zwar Wagen ohne Bremse an jeder Ecke der Pufferbohle, die mit Bremse mit je einer an jeder Seite am abgekehrten Ende des Bremserhäuschens. Die Seilösen sind so auszubilden, daß sie mit Sicherheit 5000 kg Zugkraft übertragen können (s. Abb. 20).

Die Seilösen sind an den Wagen notwendig, um die Wagen durch Spills verschieben zu können. Spillanlagen befinden sich öfter in größeren ausgedehnten Wagenwerkstätten sowie dort, wo ein öfteres Verschieben der Wagen notwendig wird, eine Lokomotive aber nicht zur Verfügung steht, z. B. in Gasanstalten, Hüttenwerken und dort, wo viele Massengüter zur Verladung kommen.

An jedem Wagen müssen sich Kupplerhandgriffe befinden, wenn nicht andere zum Festhalten der Kuppler geeignete Bauteile vorhanden sind. Die Handgriffe sind an jeder Wagenseite unter der Pufferbohle so anzubringen, daß sie ein Festhalten zulassen. Güterwagen, die nicht ausschließlich für den inneren Verkehr der eigenen Bahn dienen, sind an beiden Langseiten in der Nähe der linken unteren Ecke mit Beklebetafeln oder abgegrenzten Beklebeflächen für

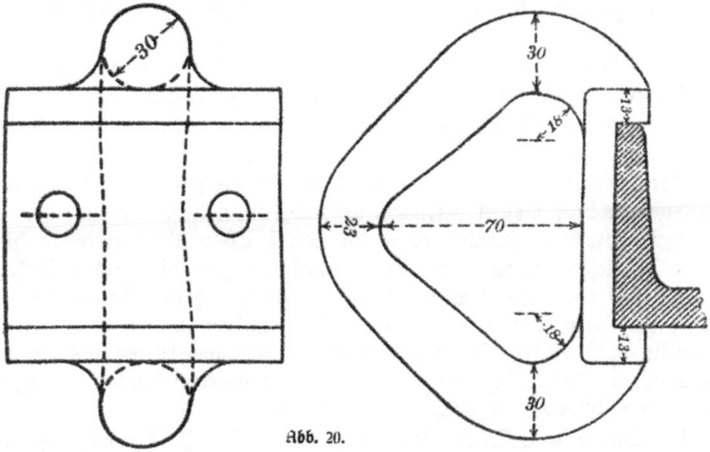

Abb. 20.

die Anbringung der Übergangszettel zu versehen. Diese Tafeln oder Flächen sind für mindestens sechs Übergangszettel in der Größe 130×90 mm zu bemessen und mit der Überschrift „Nur für Übergangszettel" zu versehen.

In neuerer Zeit werden alle Güterwagen, offene und bedeckte, mit Zettelhaltern ausgerüstet. Alle neuen offenen Güterwagen mit Handbremse sind mit festen Signalstützen zu versehen.

2. **Eiserne Kohlenwagen.** Das Untergestell, der Verschluß der Seiten- und Rückwände und die sonstigen Einrichtungen sind in gleicher Weise wie bei den vorbeschriebenen normalen Güterwagen hergestellt. Die Kastenwände, Seitentüren und Rückwände bestehen aus 5 mm dicken Buckelblechen, die durch Nietung miteinander verbunden sind. Als Versteifung dienen T-Eisenrungen. Die Rungen sind nach unten verlängert und durch Nietung mit den Konsolen am Seitenträger fest verbunden.

Der Fußboden besteht aus Kiefernholz. Eiserne Böden würden zu schnell durch Rost zerstört werden.

Die Wagenwände sind höher wie bei Wagen mit Holzwänden, sie können deshalb bei gleicher Ladefähigkeit kürzer sein. Dadurch wird die Zuglänge bei gleicher Achsenzahl geringer, außerdem wird das Kippen der Wagen auf Kippvorrichtungen bedeutend erleichtert.

Kippvorrichtungen befinden sich vielfach in größeren Gasanstalten, Hüttenwerken und bei Entladestellen, wo Wagen in Schiffe entladen werden. Durch diese Einrichtung wird viel an Lohn und Zeit erspart.

Zu militärischen Zwecken ist der eiserne Kohlenwagen nicht geeignet, weil die Seiten- und Rückenwände nicht abnehmbar sind.

Die Wagen werden für 15 t Ladegewicht gebaut und dienen fast ausschließlich zur Kohlenbeförderung. Sie tragen das Gattungszeichen Omk [u].

3. **Kalkwagen** (Abb. 21). Das Untergestell ist wie das der vorbeschriebenen Güterwagen gebaut, der Wagenkasten allgemein wie der der eisernen Kohlenwagen mit Seitentüren, aber ohne aufklappbare Rückwand.

Der Wagen ist mit einem Satteldach versehen, in dem sich auf jeder Seite drei Deckel befinden, die nach oben aufklappbar sind. In aufgeklapptem Zustande ragen die Deckel über die Senkrechte hinaus. In dieser Stellung werden sie durch Stützen, die an den Deckeln angebracht sind und sich auf den Dachträger legen, gehalten. Sollen auch die Deckel der andern Seite offengehalten werden, dann können sie durch kurze Ketten mit Haken an den geöffneten Deckeln angehängt werden. Der Dachträger wird durch zwei Säulen getragen, die am Fußboden befestigt sind.

Die Wände und Deckel sind aus 5 mm dicken Buckelblechen hergestellt, die mit ∟- oder T-Eisen eingefaßt sind. Die Seitendeckel lassen sich erst öffnen, wenn der mittlere Deckel geöffnet ist. Die Auflagerflächen an den Seitendeckeln für die mittleren Deckel und die für die äußeren Seiten der Seitendeckel sind rinnenförmig ausgebildet, um den Abfluß des Regenwassers zu erleichtern. Alle Auf- und Anlageflächen für Deckel und Türen sind so ausgebildet, daß sie möglichst dicht schließen.

Die Wagen haben einen Laderaum von 19 cbm, 3,3 m Radstand, durchschnittlich 9 t Eigengewicht und 15 t Ladegewicht; sie dienen ausschließlich zur Beförderung von Kalk und tragen das Gattungszeichen Km.

4. **Zweiachsige offene Güterwagen mit niedrigen Wänden.** Die Wagen werden mit Wänden bis 40 cm Höhe gebaut. Vereinzelte alte Bauarten haben umklappbare Seitenwände. Die abnehmbaren Seitenwände sind aus drei Teilen hergestellt. Der mittlere Teil wird von den Seitenwänden durch an denselben angeschraubte Flacheisen gehalten. Die Befestigung der Seitenteile am Untergestell erfolgt durch ⊔-Eisenrungen, die in einfache Konsole, die am Langträger angebracht sind, eingreifen.

Die allgemeine Bauart des Untergestells und der sonstigen Einrichtungen ist die gleiche wie die der offenen normalen Güterwagen.

Die Wagen werden bis zu 11,1 m Ladelänge gebaut, die Ladefähigkeit beträgt 10, 12,5 und 15 t, das Eigengewicht etwa 7 t und der Radstand bis zu 6,5 m; die Wagen sind daher mit Lenkachsen versehen. Als Gattungszeichen tragen die Wagen je nach der Ladelänge und dem Ladegewicht S, Sm, Sml und Smml. Die Wagen werden zur Beförderung langer, nicht allzu schwerer Güter sowie vielfach auch zur Beförderung von Möbelwagen benutzt.

5. **Rungenwagen.** Die allgemeine Bauart ist die gleiche wie die der vorbeschriebenen zweiachsigen offenen Güterwagen. Außer den Seitenborden ist der Wagen noch an den Langseiten mit acht, und an den Stirnseiten mit je zwei hölzernen Rungen ausgerüstet. Die Rungen sind 2,6 m lang, 250 mm breit und 60 mm dick. Sie sind ebenso wie die Seitenborde abnehmbar und sind am Langträger in Konsolen aus Flacheisen, die unten als Rungentaschen ausgebildet sind, angebracht. Unten sind die Konsole geschlossen, um ein Durchrutschen der Rungen zu verhindern. An den Seiten- und Stirnwänden sind Kloben aus Flacheisen vorgesehen, um den Rungen mehr Stütze zu geben. Nach oben sind die Rungen stark abgerundet, um Beschädigungen etwa benutzter Ladedecken zu vermeiden. Am oberen Ende ist eine Kopfschraube quer durch die Breite der Runge gezogen, um das Aufreißen des Holzes zu verhindern. Mutter und Kopf der Schrauben dürfen über das Holz nicht vorstehen. Die Wagen werden zur Beförderung leichter Massengüter, welche bei geringem Gewicht einen großen Raum einnehmen, benutzt, z. B. Heu, Stroh usw. Das Gattungszeichen ist R, die Wagen haben eine Ladelänge von mindestens 9,9 m, bei mehr als 12 m Ladelänge sind die Wagen mit dem Gattungszeichen Rl versehen.

6. **Vierachsige offene Güterwagen.** Die Wagen werden mit Wänden bis zu 40 cm Höhe oder ohne Wände gebaut. Das Untergestell wird von zwei zweiachsigen Drehgestellen getragen. Entsprechend der großen Ladefähigkeit sind die Untergestelle besonders kräftig gebaut, passen sich aber sonst denen der vorbeschriebenen offenen Güterwagen an. Um das Durchbiegen des langen Unterbaues zu verhüten, sind unter den Seitenträgern kräftige Sprengwerke angebracht. An den Langträgern sind eiserne Rungen von ⊔-Eisen angebracht, die durch Bolzen an entsprechend ausgebildeten Konsolen befestigt werden.

Die Anzahl der zugehörigen Rungen muß am Langträger angeschrieben sein, weil dieselben abnehmbar und Zubehörteile des Wagens sind.

Die Plattform des Wagens besteht aus Eisenblech, vielfach werden auf der Plattform kräftige Holzbohlen in 1 m Abstand angebracht.

Die Wagen werden zur Beförderung langer und schwerer Gegenstände wie Eisenbahnschienen, Stabeisen usw. verwendet.

Das Eigengewicht beträgt etwa 17 t, die Ladefähigkeit bis zu 35 t, die Ladelänge bis 15 m. Als Gattungszeichen kommt SS, SSm und SSml zur Anwendung.

Als Drehgestelle zu den beschriebenen Wagen werden zwei voneinander verschiedene Bauarten verwendet.

Bei einer Bauart besteht das Drehgestell aus den Seitenrahmen, den beiden Kopfverbindungen und einer zwischen den Achsen liegenden kräftigen Querverbindung, die zur Auflagerung des Wagengestells dient. An den Seitenrahmen sind die Tragfedern in gleicher Weise wie bei den zweiachsigen Güterwagen angeordnet. Die Forderung erfolgt also direkt auf die Achsbuchsen. Die Achsbuchsen werden in Achsgabeln mit unterer Stegverbindung geführt.

Eine andere Bauart besteht aus einem Gestell von Flacheisen, in das die Achsbuchsen fest gelagert sind. Zwischen den Achsen ist eine kastenförmige Querverbindung eingebaut, die zur Aufnahme der Wiege dient. Letztere ruht auf Schnecken- oder Spiralfedern. Die Achsbuchsen sind bei dieser Bauart nicht direkt abgefedert, durch die Bauart des Gestells ist aber doch eine gewisse Federung vorhanden, welche von unten kommende Stöße abschwächt. Die Wiege besteht aus einem kastenförmigen Bauteil, der in der Mitte die Drehpfanne für den Drehzapfen aufnimmt. An den Enden der Wiege befinden sich Gleitstützen, auf die wieder die Gleitstützen des Wagens aufliegen. Die Auflagerflächen der Drehpfannen und der seitlichen Gleitstützen der Wiege und des Wagens müssen in gleicher Ebene liegen, d. h. sie müssen beim Aufsetzen des Wagens gleichzeitig zur Auflage kommen. Zum Heben der Drehgestelle mittels Kran sind Haken an den Ecken des Drehgestells angebracht, in die die Lastketten zum Heben des Gestells eingehakt werden. Um zu vermeiden, daß bei Entgleisungen das Drehgestell zu sehr aus der Mittellage kommt, sind an den einander zugekehrten Enden der Drehgestelle eiserne Ketten angebracht, die das Wagenuntergestell mit dem Drehgestell so verbinden, daß eine Drehung des Drehgestells in den kleinsten Krümmungen der Geleise nicht behindert wird.

7. **Wagenpaare mit Drehschemeln.** Das Untergestell der einzelnen Wagen ist in gleicher Weise gebaut wie das der normalen Güterwagen; die Wagen können durch Steifkupplung miteinander verbunden werden. Die Kupplung besteht aus Holz mit Eisenbeschlag. Bei Verbindung der Wagen miteinander wird die Federung der Zugstangen ausgeschaltet, indem vor die Brust des Zughakens ein Keil eingesetzt wird. Die Kupplungen werden ausgehangen, und in die Augen der Zughaken wird durch einen Bolzen die Steifkupplung befestigt.

Bei älteren Wagen wird die Steifkupplung in der Zughakenöffnung durch einen Bolzen befestigt. Gewöhnlich werden für ein Wagenpaar zwei Steifkupplungen verschiedener Länge mitgeführt. Das

Vorhandensein der Steifkupplungen ist am Wagenlangträger zu verzeichnen.

Die Drehschemel haben umklappbare Rungen mit Ringen auf einer und Bindeketten auf der andern Seite; der Drehschemel läuft auf Rollen auf einer eisernen Bahn des Wagenbodens. Die Drehschemel sind oben vielfach mit eisernen Zinken versehen, um die Ladung sicherer zu lagern. Dem Gattungszeichen ist alsdann ein hinzugesetzt.

Schemelwagen, die ausschließlich als solche verwendet werden und durch Steifkupplung immer verbunden bleiben, bedürfen auf ihren einander zugekehrten Seiten keiner elastischen Stoßvorrichtungen.

Zur sicheren Führung des Drehschemels in seinem Drehpunkt sind Platten mit ringförmigen Ansätzen angebracht. Der Drehbolzen soll am Untergestell so befestigt sein, daß ein Ausheben oder Kippen des Drehschemels nicht eintreten kann.

Wenn der Drehschemel in der Mitte des Wagens nur durch den Drehbolzen befestigt und geführt wird, so soll er mindestens 90 mm dick und so angebracht sein, daß ein Bruch bei der Untersuchung des Wagens auch im beladenen Zustande sicher zu erkennen ist. Die Steifkupplungen müssen, wenn sie nicht benutzt werden, so sicher an dem Wagen angebracht sein, daß sie nicht herunterfallen können. Sie werden seitlich am Langträger in entsprechend geformten Kloben befestigt. Die Wagen dienen hauptsächlich zur Beförderung langer Hölzer und Baumstämme.

Als Gattungszeichen tragen die Wagen HH, HHRn, wenn er mit Seitenrungen ausgerüstet ist, und HHs, wenn er mit Kuppelstangen ausgerüstet ist.

8. **Selbstentlader.** Die Wagen werden zur Beförderung von Massengütern benutzt, welche ein Abstürzen durch schnelle Entladung vertragen. Die Entladung erfolgt durch Klappen im Wagenboden und den Seitenwänden. Die Klappen werden durch Riegelverschluß von außen verschlossen gehalten. Die völlige Entleerung der Wagen macht im allgemeinen die Nachhilfe von Hand erforderlich.

Neuere Wagen von den Firmen Talbot und Artur Koppel sind so eingerichtet, daß die völlige Entleerung ohne Nachhilfe stattfinden kann.

Talbotwagen laufen im Querschnitt nach unten spitz zu. Die Entladung findet durch Klappen, die im unteren Teil der Seitenwände liegen, statt.

Koppelsche Wagen haben als Abschluß des trichterförmigen Wagenkastens flachen Boden, welcher mit Schiebern versehen ist, die von außen bedient werden können.

Das Ladegewicht der Wagen beträgt bis zu 50 t bei etwa 16,8 t Eigengewicht. Der Wagen ist also verhältnismäßig leicht. Die Wände sind mit dem Untergestell zu Trägern vereinigt.

In neuerer Zeit werden Wagenkasten gebaut, die in der Längsrichtung um einen Drehzapfen drehbar sind. Durch ein Windewerk wird der Wagenkasten nach rechts oder links gedreht, dabei öffnen sich selbsttätig an der Entladeseite die Entladeklappen nach vorheriger Lösung der Verschlüsse.

Die Zugstangen sind wegen der Bauart der Wagen und des Untergestells nicht durchgehend, dafür sind besonders kräftige Pufferbohlen vorgesehen.

Vermöge seines Eigengewichts ruht der Wagen auf zwei zweiachsigen Drehgestellen.

9. **Wagen für sehr große und schwere Gegenstände.** Die Wagen werden für eine Tragfähigkeit bis zu 100 t gebaut und hauptsächlich zur Beförderung von schweren Geschützrohren, Dynamoankern, Panzerplatten und Maschinenfundamenten benutzt.

Die Seitenträger sind bis zu 0,8 m hoch und oben und unten durch Winkeleisen bis 150 mm Breite armiert. Auf den Winkeleisen sind noch 15 bis 20 mm dicke Gurtenbleche oder Lamellen aufgenietet. An besonderen Konsolen sind abnehmbare und umklappbare Rungen von ⊔-Eisen angebracht.

Die Wagen sind für die verschiedenen Zwecke, denen sie dienen sollen, auch verschieden gebaut. Bei einer großen Zahl der vorhandenen Wagen sind unter den Seitenträgern verschiebbare Querträger angebracht, welche durch kräftige Querjoche über den Seitenträgern durch Spannschrauben gehalten werden. Die Querträger dienen zugleich als Querverbindungen, weil solche wegen der zu verladenden Gegenstände zwischen den Seitenträgern nicht angebracht werden können. Je eine feste Querverbindung ist vor den Drehgestellen zwischen denselben angebracht. Weitere Querverbindungen sind nach vorn und hinten vorhanden. Als Abschluß dient an beiden Enden die besonders kräftig gebaute Pufferbohle. Wegen der großen Tragfähigkeit ist die Anordnung einer größeren Achsenzahl erforderlich. Die Wagen sind mit bis zu 16 Achsen versehen. Je zwei oder drei Achsen befinden sich unter einem Drehgestell, je zwei zwei- oder dreiachsige Drehgestelle werden wieder zu einem vier- oder sechsachsigen Drehgestell vereinigt, und wenn erforderlich, werden nochmals zwei vierachsige Gestelle zu einem achtachsigen Drehgestell vereinigt. Die Verbindung der einzelnen Drehgestelle miteinander erfolgt durch entsprechend gebaute Träger, welche bei jedem Gestell in der Mitte desselben aufgelagert sind.

Die Federung erfolgt entweder direkt auf den Achsbuchsen oder durch Abfederung der Wiege.

Die Räder müssen bei den vielachsigen Drehgestellen kleineren Durchmesser haben, weil einmal die Drehzapfenentfernung gegenüber dem Überhang nach vorn und hinten im ungünstigen Verhältnis stehen würde, andernfalls die Bauhöhe der Plattform zu hoch über

Schienenoberkante liegen würde. Wegen der anormalen Bauart der Wagen kann die Zugstange nicht durchgehend angeordnet werden. Es muß deshalb die Pufferbohle und ihre Verbindung mit den Seitenträgern kräftig ausgeführt werden.

Die mehr wie sechsachsigen Wagen sind nicht nach einheitlichem Muster gebaut, für die Bauart war mehr die Form und Größe der zu befördernden Gegenstände maßgebend.

10. **Bedeckte Güterwagen.** Das Untergestell entspricht in seiner Bauart dem der offenen Güterwagen normaler Bauart.

Die Wagen dienen zur Beförderung von Stückgut aller Art, welches gegen Witterungseinflüsse und Diebstahl zu sichern ist, außerdem von lebendem Vieh mit oder ohne Begleitung, sowie zur Massenbeförderung von Personen, hauptsächlich Militär. Es können bis zu 48 Mann oder 6 Pferde in einem Wagen befördert werden.

Das Rahmengerippe ist aus ⊔-, ∟- oder ⊥-Eisen hergestellt und durch Niete und Schrauben miteinander, sowie durch Winkel, Kartenbleche und Konsole mit dem Untergestell verbunden. Das Rahmenwerk des Wagenkastens und die Stirnwandspriegel sind aus Eichenholz. Zu den Verschalungen des Daches, der Wände und Türen und des Fußbodens wird Kiefernholz verwendet. Die Verschalung der Wände ist an dem eisernen Rahmengerippe mit Fugenschrauben befestigt.

Der Innenraum ist durch Schiebetüren von den Seiten aus zugänglich. Die Türen laufen unten auf Rollen, oben werden sie durch Kloben auf einer Eisenstange geführt. Die Türen sind durch Überwurfhaken verschließbar, außerdem sind noch Plombierösen angebracht. Die unversehrte Plombe soll die Sicherheit geben, daß der Wagen nicht geöffnet worden ist. Der Überwurf ist so eingerichtet, daß er eine schmale Öffnung freilassen kann. Ein sicherer Verschluß ist als Schutz gegen Diebstahl notwendig. Von vielen Versendern ganzer Wagenladungen werden starke Schlösser als Schutz angewendet. Die Schiebetür kann durch einen besonderen Haken, der an einer Runge des Kastengerippes angebracht ist, offengehalten werden. An derselben Runge befindet sich ein federnder Türpuffer. Das eiserne Gerippe der Tür ist auf ∟-Eisen hergestellt. Durch diagonale Zugbänder ist die Tür gegen Formveränderung geschützt.

Die Fußbodenbretter sind so befestigt, daß sie nicht von außen gelöst werden können.

Durch Lüftungsschieber und -klappen im oberen Teil der Seitenwände ist für Zuführung frischer Luft gesorgt, wenn lebende Wesen befördert werden.

Das Dach ist mit Segeltuch überspannt und wasserdicht, ebenso müssen auch die Türen so eingerichtet sein, daß Regenwasser nicht eindringen kann.

Im Wageninnern sind Binderinge zur Befestigung von lebenden Tieren angebracht.

Es sind Einrichtungen vorhanden, um die Wagen zur Beförderung von Personen nutzbar zu machen.

Auf bestimmten Bahnhöfen lagern in besonderen Schuppen Sitzbretter und Rückenlehnen, mit denen die Wagen in kurzer Zeit in großer Menge zur Massenbeförderung von Menschen hergerichtet werden können.

Bedeckte Güterwagen werden auch vierachsig für eine Tragfähigkeit bis zu 25 t hergestellt. Der Wagenkasten ruht dann auf zwei zweiachsigen Drehgestellen.

Die mit innerer Verschalung versehenen bedeckten Güterwagen, ausgenommen Wärmeschutz-, Butter-, Milch- und Bierwagen, haben beiderseits an den Wagentüren die Aufschrift: „Für Tiere nicht verwendbar." Ist der Wagen aber doch mit Tieren beladen gewesen, so müssen die Wagen verschärft entseucht werden; zu diesem Zweck muß die innere Verschalung in jedem Fall aus dem Wagen entfernt werden.

Die widerrechtliche Verwendung der Wagen zur Tierbeförderung wird in jedem Falle streng geahndet.

Alle mit Handbremse versehenen bedeckten Güterwagen sind mit festen Signalstützen versehen. Empfohlen wird die Anbringung derselben auch an allen offenen Güterwagen mit Handbremse.

Das Eigengewicht der zweiachsigen bedeckten Wagen beträgt etwa 9,5 t, das Ladegewicht 15 t. Die Wagen haben das Gattungszeichen G, Gm, N und Ne, vierachsige Güterwagen sind durch Doppelbezeichnung des Hauptgattungszeichens GG erkennbar.

11. **Bedeckte Güterwagen für Kleinvieh.** Das Untergestell und das Rahmengerippe ist ebenso wie das der bedeckten Güterwagen gebaut.

In halber Höhe des Wagenkastens ist ein Zwischenboden eingebaut, um die Ladefläche zu vergrößern. An den Langseiten befinden sich Schiebetüren, an den Stirnwänden Drehtüren, die entsprechend geteilt sind, damit die Räume jeder für sich beladen werden können. In beiden Räumen sind durch Drehtüren herzurichtende Querwände vorgesehen.

Zur Geflügelbeförderung werden die Wagen noch mit einem Zwischenboden in den Räumen versehen, um damit vier übereinander liegende Räume zu schaffen. Durch Lüftungsklappen und Schlitze in den Wänden ist für Lüftung und Entwässerung gesorgt.

Unter dem Wagenkasten befinden sich Futterkasten. Als Gattungszeichen kommt V, Ve und Vez zur Anwendung.

12. **Wärmeschutzwagen.** Unter dem Gattungszeichen N werden die Wagen zur Beförderung von Fleisch, Bier, Milch, Butter usw. verwendet. Die allgemeine Bauart ist die gleiche wie die der bedeckten Güterwagen. Die Wände, Decke und Schiebetüren haben doppelte

Verschalung, der Raum zwischen äußerer und innerer Verschalung ist mit wärmehaltigen Stoffen ausgefüllt.

Die Wagen sind mit Dampfheizung und Eiskasten sowie mit Luftdruckbremse oder Leitung ausgerüstet.

13. **Luxus-Pferdewagen.** Das Untergestell und Rahmengerippe ist so wie das der normalen bedeckten Güterwagen gebaut. Die Seitenwände, Decken und Schiebetüren haben doppelte Verschalung, die Seitenwände sind innen gepolstert. An beiden Enden sind durch Längsbäume Stände für Pferde eingerichtet.

In einem Raum, der als Aufenthalt für einen Wärter vorgesehen ist, sind auch Behälter für Futter und Wasser untergebracht.

II. Bahndienstwagen.

1. **Gewichts- oder Eichungswagen.** Die Wagen haben ein Eigengewicht von 30—40 t und werden zum Prüfen der Gleiswagen benutzt. Für höhere Belastungen werden Zusatzgewichte, gewöhnlich 10000 kg, in einem besonderen Beiwagen, der zugleich als Werkstattwagen dient, mitgeführt. Zum Aus- und Einladen der Zusatzgewichte, die im einzelnen 50 kg schwer sind, ist oft eine einfache Laufkatze mit abnehmbarem Ausleger in dem Wagen angebracht.

Das Untergestell ist gewöhnlich von einem dreiachsigen ausgemusterten Tender entnommen und zweckmäßig umgebaut. Holz darf zu dem Bau des Wagens nicht benutzt werden, weil es Gewichtsschwankungen infolge Witterungseinflüssen ausgesetzt ist. Eine normale Bauart für Gewichtswagen ist nicht vorgesehen, die vorhandenen Wagen sind sämtlich für ihren Zweck in verschiedenen Werkstätten hergerichtet worden; hierbei war meistens für die Bauausführung die Ansicht und Erfahrung der maßgebenden Beamten entscheidend. Selbstverständlich sind aber die Wagen unter Beachtung der in der Deutschen Eisenbahnbau- und Betriebsordnung und den in den technischen Vereinbarungen des Vereins deutscher Eisenbahnverwaltungen vorgeschriebenen Bestimmungen gebaut. Die Wagen müssen nach jeder Ausbesserung neu geeicht werden, worüber amtliche Prüfungszeugnisse ausgefertigt werden müssen.

Zu jedem Wagen gehört ein Prüfungsbuch, in das alle mit dem Wagen ausgeführte Wägungen einzutragen sind, ebenso auch alle an dem Wagen selbst ausgeführten Arbeiten, wie Untersuchungen, Ausbesserungen und Eichungen.

Die Wagen haben als Bahndienstwagen kein besonderes Gattungszeichen, jedoch müssen die Wagen eine Anschrift haben, aus der zu ersehen ist, welchem Zweck der Wagen dient.

Bei der Prüfung einer Gleiswage mit dem Gewichtswagen ist folgendermaßen zu verfahren: Die Prüfung darf nur bei ruhigem Wetter stattfinden. Anhaftender Schmutz, Regen oder Schnee ist von dem Wagen zu entfernen. Die Achsbuchsen sind voll mit Öl zu füllen.

Die Prüfung ist mindestens dreimal hintereinander zu wiederholen, der Wagen ist nach jeder Belastung von der Wagenbrücke zu entfernen und nach dem zu prüfen, ob die Zungen genau einspielen, wenn die Wage nicht belastet ist. Das rechnerische Mittel der stattgehabten drei Wägungen ist das Ergebnis der Prüfung.

Die zulässige Abweichung von der Richtigkeit des Gewichts darf bei Zentesimal- und Dezimalwagen nicht mehr als 1,2 g für je 1 kg betragen. Bei einer Nacheichung der Wage dürfen die Abweichungen von der Richtigkeit nur die Hälfte der angegebenen Werte betragen.

Verfahren bei Abwiegen von Fahrzeugen.

Der Wagen wird so auf die Brücke der Wage aufgestellt, daß sein Schwerpunkt möglichst genau über der Mitte der Brücke liegt, worauf die Wägung in bekannter Weise stattfindet. Bei Wagen von zweiachsigen Fahrzeugen, deren Radstand größer ist als die Länge der Wagenbrücke, wird das Fahrzeug mit einer Achse möglichst bis in die Mitte der Brücke geschoben. Hierauf wird die Belastung der Wage festgestellt, dann wird das Fahrzeug über die Wage geschoben, bis die andere Achse über der Mitte der Brücke steht, und hierauf wieder die Belastung festgestellt. Nun wird das Fahrzeug von der Brücke abgeschoben und das vorbeschriebene Verfahren in umgekehrter Weise wiederholt. Das ermittelte Gesamtgewicht der vier Wägungen ist das doppelte Wagengewicht. Das zu ermittelnde Gewicht wird durch Teilung mit zwei gefunden.

Beim Abwiegen eines dreiachsigen Fahrzeuges wird zuerst Achse I gewogen, dann Achse I und II, weiter Achse II und III und zum Schluß Achse III. Die vier Wägungen ergeben das doppelte Gewicht des Fahrzeuges, mit zwei geteilt wird das zu ermittelnde Gewicht gefunden.

Vierachsige Wagen werden in derselben Weise wie zweiachsige mit größerem Radstand gewogen. Es ist stets darauf zu achten, daß die beiden zugleich zu wiegenden Achsen gleichweit vom Mittelpunkte der Wagenbrücke entfernt stehen. Die beschriebene Abwiegung von Fahrzeugen, deren Radstand größer ist als die Länge der Wagenbrücke, ist auch zur Feststellung der Ladung maßgebend.

2. **Werkstattswagen.** In vielen Hauptwerkstätten sind bedeckte Güterwagen als Werkstattswagen eingerichtet. Sie enthalten alle die Einrichtungen, die zur Ausbesserung von Brücken, Schiebebühnen, Drehscheiben und sonstigen mechanischen und maschinellen Anlagen erforderlich sind. Vielfach werden derartige Wagen auch zur Wiederherstellung heißgelaufener Achslager benutzt, wenn der heißgelaufene Wagen nicht mehr fahrbar ist.

Die Ausstattung der Wagen ist sehr verschieden; einige sind mit Einrichtungen zum Nachdrehen von rauhgelaufenen Achsschenkeln und Ausgießen und Ausdrehen von Achslagern ausgerüstet, außerdem sind sie mit den erforderlichen Schlosserwerkzeugen, Winden usw. versehen.

Die Arbeitsmaschinen in den Wagen haben vielfach elektrischen Antrieb, den erforderlichen Strom liefert eine Sammlerbatterie, die den Wagen auch mit Licht versorgt. Die Batterien werden in ortsfesten Anlagen aufgeladen.

3. **Tunnelwagen.** Zur Ausbesserung der inneren Wölbung von Tunnels sind Wagen in Betrieb, die außer der Werkstatteinrichtung außen mit einem umklappbaren Profil des lichten Raumes versehen sind, um Tunnelwölbungen auszubessern und auszumessen. Der Wagen ist mit Plattformen versehen, um die auszubessernden Stellen bequem behandeln zu können.

4. **Gewichtewagen zum Prüfen von Kränen.** Das Untergestell ist gewöhnlich von einem ausgemusterten Tender oder Wagen entnommen.

Der Fußboden wird entsprechend verstärkt und zur Unterbringung der Gewichte hergerichtet. Die Gewichte bestehen aus Gußeisen und sind gewöhnlich in der Schwere von 500–5000 kg vorhanden. Erforderliche kleinere Zusatzgewichte werden besonders mitgeführt. An den Gewichten befinden sich angegossene Augen, dadurch können die Gewichte mittels Laschen und Bolzen miteinander verbunden werden. Wenn zwei schwere gleich große Gewichte erforderlich sind, werden zum Heben derselben Traversenbügel benutzt.

Bei den vorhandenen Traversen, Laschen, Bolzen und Schlingketten muß das Gewicht derselben genau ermittelt und auf den einzelnen Teilen deutlich eingestempelt sein.

5. **Kranwagen.** Die Wagen werden zwei- und dreiachsig gebaut und dienen zum Heben von Lasten von 5000 bis 10000 kg.

Das Untergestell ist allgemein wie das der normalen Güterwagen gebaut.

Der Kran ist drehbar eingerichtet und läßt sich nach jeder Richtung hin benutzen.

Zwischen zwei gußeisernen oder flußeisernen Wangen, die beiderseits durch Spannschrauben in bestimmter Stellung gehalten werden, ist das Rädergetriebe eingebaut. Die Zahnräder sind aus Gußeisen hergestellt. Das Windewerk ist so eingerichtet, daß der Kran für schnelles und langsames Heben benutzt werden kann, indem entsprechende Räder durch Seitwärtsschieben der Räderrolle ein- oder ausgeschaltet werden. Die Stellung der Welle wird durch eiserne Bügel gesichert. Beim Ablassen der Last kann das Windewerk ganz ausgeschaltet werden. Zum Ablassen dient alsdann eine Bandbremse, die durch einen Hebel betätigt wird.

Das Krangestell wird durch einen Zapfen auf dem Untergestell geführt. Der Zapfen ist mit einem Gußstück, das als Grundplatte für den Kran dient, in einem Stück gegossen. An der Zapfenwurzel ist eine wagerechte Fläche angedreht, welche als Lagerung auf dem Spurlager dient.

Das Spurlager besteht aus Gußeisen oder Flußstahl und ist auf dem Untergestell zwischen zwei Querträgern angebracht. Außen hat das Lager quadratische Form, oben sind an den vier Seiten winkelförmige Rippen angegossen, mit denen sich das Lager auf den Querträgern des Untergestells stützt. Die Grundplatte ist als Schlitten für das Ausgleichgewicht hergestellt, an einer Seite ist die Platte rahmenförmig so lang gemacht, daß bei größter Belastung der Kran durch das Ausgleichgewicht in äußerster Stellung desselben auf dem Schlitten im Gleichgewicht gehalten wird.

An beiden Seiten der Grundplatte sind die Seitenwangen zur Aufnahme der Räderwellen angebracht. Die Wangen sind dort, wo die Räderwellen gelagert sind, durch bundförmige Ansätze verstärkt. Die Grundplatte und Seitenwangen sind durch Traversen miteinander verbunden. Der Druck des Ausgleichsgewichts wird durch diese Verbindung von den Seitenwangen mit aufgenommen.

Das Ausgleichgewicht ruht auf einem besonderen Schlitten, der auf Rollen auf dem Grundplattenrahmen verschiebbar angeordnet ist und durch eine am Schlitten angebrachte Zahnstange, die von dem Windewerk des Kranes bewegt werden kann, verschoben wird.

Der Ausleger ist mit der Grundplatte an zwei angegossenen Augen durch Bolzen beweglich verbunden. Der Ausleger besteht entweder aus einem Eisenrohr oder aus einem gitterartigen Rahmen. Am unteren Ende sind je nach der Bauart die zur Verbindung mit der Grundplatte erforderlichen Gelenkkloben angebracht. Der Ausleger wird auf Knickung beansprucht, und seine Bauart muß dementsprechend kräftig gewählt werden.

Am oberen Ende des Auslegers ruht in einer Gabel das Rollenrad für die Lastkette, außerdem ist noch ein besonderes Formstück vorhanden, an dem zu beiden Seiten des Auslegers Traversen angebracht sind, die an den Seitenwangen des Krangestells im oberen Teil durch leicht lösbare Bolzen befestigt werden. Der Bolzen für die Kettenrolle kann auch so lang gewählt werden, daß er zur Aufnahme der Traversen mitbenutzt werden kann.

Der Kran bildet mit seinen Hauptbauteilen die Form eines stumpfwinkligen Dreiecks, dessen Schwerpunkt in der Mittelachse des Drehzapfens liegt. Bei Belastung des Krans muß das Ausgleichgewicht so weit ausgefahren werden, daß der Schwerpunkt immer in der Mittelachse des Zapfens liegt.

Der Ausleger ist zum Niederlegen eingerichtet. Dies ist erforderlich, weil der Ausleger im betriebsfähigen Zustande in das Profil des lichten Raumes hineinragt. Beim Niederlegen wird die Lastkette mit dem Lasthaken in einen am Ausleger befindlichen Kloben gebracht, die Kette wird durch das Windewerk angezogen, so daß sie den Ausleger etwas hebt. Dadurch werden die Traversen entlastet, die Bolzen an den Seitenwangen werden gelöst, die Traversen in an dem Ausleger befindliche Schellen gelegt und nun der Ausleger so weit niedergelassen, bis er sich auf eine am Ende der Wagenplattform angebrachte Stütze auflegt. In dieser Lage ragt er aber über das Wagenende hinaus. Zum Transport des Wagenkrans muß deshalb ein besonderer Schutzwagen davorgesetzt werden.

Auch unter dem Schlitten des Ausgleichgewichts ist auf der Wagenplattform ein Stützbügel angebracht, der zur Stütze des Schlittens dient, und durch seitlich angebrachte Lappen ein unbeabsichtigtes Drehen des Kranes verhindert.

Außerdem ist noch eine Schraubenspindel am Ende der Grundplatte vorhanden, welche, nach unten gedreht, in ein auf der Plattform angebrachtes Lager eingreift; auch hierdurch wird der Kran entlastet und festgestellt.

Durch das Handrad der Spindel wird eine Kette so geschlungen, daß die Spindel ohne Lösen der Kette nicht gedreht werden kann. Die Kette wird mit ihren Enden durch ein Vorhangschloß zusammengehalten. In derselben Weise wird das Windewerk des Kranes gegen unbefugte Benutzung gesichert.

Die Bedienung des Kranes hat durch einen Kranwärter zu erfolgen, der erforderlichenfalls von einer Haupt- oder Betriebswerkstatt anzufordern ist. Der Wärter muß mit der Handhabung des Kranes sicher vertraut sein. Vor Benutzung des Kranes ist zu beachten, daß die Federklötze zwischen Fangebock und Federbund gebracht sind und die Schienenzangen sicher an den Fahrschienen einhaken. Mit etwa am Untergestell des Wagens vorhandenen Stützen ist die Plattform sicher abzufangen. Die Schienenzangen werden durch Gewindespindeln mit Kurbeln oder Handrad angespannt. Federklötze und Schienenzangen sind Bestandteile des Wagens und mit diesem fest verbunden.

Weiter ist darauf zu achten, daß die Wagenplattform gerade steht und die Schienen auf guten haltbaren Schwellen ruhen.

Der Versand des Kranes erfolgt im Güterzuge, der Ausleger ist niederzulegen und für denselben ein Schutzwagen einzustellen. Das Gegengewicht ist einzufahren und Ausleger und Gegengewicht durch die Stützbügel zu stützen und zu sichern. Bei Beschädigungen ist der Kran zur Hauptwerkstätte zu senden und dem Wagenbureau der E. D. Meldung zu machen. Die Fertigstellung des Krans ist dem Wagenbureau telegraphisch anzuzeigen.

Die Untersuchung des Kranes findet alljährlich statt. Mit der Untersuchung ist stets eine Probebelastung zu verbinden, welche mit dem $1^1/_4$ fachen der angeschriebenen Belastung vorzunehmen ist. Bei der Belastung ist der Kran in jeder Stellung, aber hierbei nur mit der normalen Last, zu prüfen. Die Untersuchung und sonst vorgenommenen Ausbesserungen sind in ein Prüfungsbuch einzutragen. Dieses Buch begleitet den Kran von einer Benutzungsstelle zur anderen, ebenso auch die zugehörigen Kranschlüssel für die Schutzketten.

Die Last- und Schlingkettten sind mindestens alle zwei Jahre dunkelrotwarm auszuglühen und genau auf Fehler zu untersuchen.

Über diese Untersuchungen sind in den Prüfungsbüchern Aufschreibungen zu machen.

Am Ring und Haken der Krankette muß die Tragfähigkeit, Nummer und Zugehörigkeit der Kette in dauerhafter Weise angebracht sein.

Die erfolgte Prüfung der Ketten und der Ursprung derselben ist durch eine amtliche Bescheinigung nachzuweisen. Drahtseile sind nach der Prüfung und dann etwa alle sechs Monate mit einem Gemisch von Talg und Graphit einzufetten.

Zur Sicherung der Windeketten ist ein elastisches Zwischenmittel zwischen der Lastkette und dem Lasthaken einzuschalten.

6. **Gastransportwagen.** Die Bauart des Untergestells ist die gleiche wie die der normalen Güterwagen.

Die Wagen werden zum Transport von Leuchtgas nach Bahnhöfen, wo keine Gelegenheit zur Füllung der Gasbehälter der Wagen vorhanden ist, verwendet.

Die Kessel haben gewöhnlich einen Inhalt von 5—7,5 cbm, allgemein sind drei Kessel vorgesehen, so daß der Gesamtinhalt 15 bis 22 cbm beträgt. Vereinzelt sind Wagen vorhanden mit nur einem Kessel bis zu 40 cbm Inhalt. Bei drei Kesseln werden dieselben in Form eines Dreiecks auf dem Wagen angebracht. Die Kessel sind meistens nahtlos mit gewölbten Böden, ohne innere Verankerung hergestellt und allgemein für einen Druck von 10 Atmosphären gebaut.

Die Untersuchung und Druckprobe der Kessel hat alle acht Jahre stattzufinden. Die Druckprobe erfolgt bei Kesseln von nicht mehr als fünf Atmosphären Überdruck mit dem zweifachen Betrage des beabsichtigten Überdrucks, bei Kesseln mit mehr als fünf Atmosphären Überdruck mit einem Drucke, der den beabsichtigten Überdruck um fünf Atmosphären übersteigt.

An jedem Kessel muß sich ein Schild befinden, von dem zu ersehen ist: der Fassungsraum in Kubikmetern, die Firma und der Wohnort des Verfertigers, die laufende Fabriknummer, das Jahr der Anfertigung und der höchste zulässige Betriebsdruck in Atmosphärenüberdruck. Außerdem muß an dem Schild eine stärker hervortretende Fläche angegossen sein, auf die der Tag und das Jahr der Prüfung des Kessels und der Adlerstempel aufzuschlagen sind.

Die Untersuchungen und Wasserdruckproben sind durch höhere maschinentechnische Beamte oder deren Vertreter auszuführen. Besondere Untersuchungsbescheinigungen sind nicht auszustellen. Zur Kontrolle erhält der Kessel nach Beseitigung des alten einen neuen Prüfungsvermerk, bestehend aus der Jahreszahl und Adlerstempel.

Die Lagerung von drei Kesseln auf dem Untergestell wird in folgender Weise bewirkt: Auf zwei kräftigen Holzbohlen, die quer auf dem Untergestell sicher befestigt sind, lagern in zwei entsprechenden Aussparungen zwei Kessel nebeneinander, aber ohne sich gegenseitig zu berühren. Auf beiden Kesseln liegen wieder quer zu ihnen zwei gleiche Holzbohlen, genau über den auf dem Untergestell liegenden, in deren Mitte der dritte Kessel ruht. Die Bohlen und Kessel sind unter sich und mit dem Untergestell durch Anker, Ziehbänder und Zugschrauben sicher befestigt.

Die Kessel sind durch Rohrleitungen miteinander verbunden und lassen sich durch eingeschaltete Ventile beliebig miteinander verbinden oder absperren.

Die Füllventile der Kessel haben Verschraubungen nach genau vorgeschriebenem Muster, das auf Blatt XX der technischen Vereinbarungen dargestellt ist.

Ebenso sind auch die Schlüssel für das Füllventil und den Haupthahn nach demselben Blatt auszuführen. Die Verschraubungen an den Gasfüllständern und an den Füllventilen der Wagen haben gleiche Abmessungen. Die Füllventile sind durch eine Schutzkappe nach Muster mit grellrotem Anstrich zu schützen.

7. **Bremswagen.** Auf Strecken mit starken Neigungen werden, wenn erforderlich, besondere Bremswagen in die Züge eingestellt, wenn die erforderlichen Wagen mit Bremse nicht im Zuge vorhanden sind, welche nach der Bau- und Betriebsordnung notwendig sind, und je nach der Neigung der zu befahrenden Strecke berechnet werden. Es sind dies kurze zweiachsige, verhältnismäßig schwere Wagen, mit besonders gut wirkender Bremse.

8. **Kesselwagen und Topfwagen.** Die Wagen dienen zur Beförderung von Benzin, Teer, Öl, Petroleum, Spiritus, Säuren usw.

Topfwagen und neue Kesselwagen sind mit Handbremse und geschlossenem, beiderseits zugänglichem Bremserhaus zu versehen.

Die Kessel der Kesselwagen sind mit dem Untergestell fest verbunden. Auf den Langträgern sind an beiden Seiten schräge Stehbleche angebracht, welche ihrerseits wieder mit Blechplatten verbunden sind. Die Verbindung dieser Kesselträger mit dem Kessel ist durch Nietung hergestellt. Neue Kesselwagen, deren Behälter mit dem Untergestell fest verbunden sind, müssen Tragfedern von mindestens 1100 mm Länge haben.

Die Verschlüsse der Füll- und Abflußöffnungen sowie etwa sonst vorhandene Öffnungen, mit Ausnahme der Entlüftungsvorrichtungen, müssen sich vollkommen dicht verschließen lassen und mit Sicherheitsvorrichtungen gegen selbsttätiges Öffnen versehen sein. Außer dem Bodenventil muß für jedes Ablaufrohr ein sicherer Verschluß vorhanden sein. Die Endöffnungen der Abflußrohre sind durch Verschlußkappen gegen Verschmutzung zu sichern. Hahngehäuse und deren Küken müssen so gesichert sein, daß sie nur mit Gewalt entfernt werden können. Die Abflußstutzen sind so hoch zu legen, daß sie beim Bruch der Zugvorrichtung nicht gefährdet sind.

Die Kesselwagen müssen, soweit sie nicht für den Versand verflüssigter Gase eingerichtet sind, eine selbsttätig wirkende Entlüftungsvorrichtung wie Sicherheitsventil oder ein von oben nach unten gebogenes Rohr haben. Diese Vorrichtung muß so eingerichtet sein, daß dem Hereinschlagen einer Flamme sowie der Beraubung des Kesselinhalts entgegengewirkt wird.

Die Kessel müssen in ihrem oberen Teil innen mit Querrändern (Schwabbelblechen) versehen sein, wenn sie gleichlaufend zur Wagenachse angeordnet sind, und sich der Quere nach ungeteilt über die ganze Länge des Wagens erstrecken. Ist der Kessel mit Querteilung versehen, müssen Querwände auch dann eingebaut werden, wenn die Länge der einzelnen Abteilung mehr wie 5 m beträgt.

Die Kessel sind auf dem Wagen so zu befestigen, daß sie sich bei vorkommenden Stößen nicht verschieben können und gegen Beschädigungen gesichert sind.

Kesselwagen zum Versand verflüssigter Gase sind mit hölzernen Überkästen zu versehen. An den Längsseiten der Kesselwagen sind vor den Kesselwandungen lotrecht stehende Blechtafeln anzubringen, die zur Aufnahme der Anschriften und Beklebezettel bestimmt sind.

Die Wagen mit zylindrischen Kesseln müssen beiderseits mit einer Leiter mit Handstange zur sicheren Besteigung des Kessels versehen sein.

Bei Topfwagen muß der Verschluß der Gefäße so beschaffen sein, daß er bei vorkommenden Stößen sich nicht lockern kann und auch nicht herausfallen kann. Der Verschluß besteht aus Überwurf mit Flügelschraube und Plombenöse.

Die Töpfe müssen durch ihr Gestell so festgehalten werden, daß sie sich bei vorkommenden Stößen in keiner Richtung bewegen können. Die Gestelle für die Töpfe sollen so ausgeführt werden, daß beim Schwinden der Befestigungshölzer infolge Trocknen des Holzes sich bildende Spielräume leicht beseitigt werden können. Der Boden der Topfwagen ist mit Abflußvorrichtungen zu versehen, welche es verhindern, daß durch verschüttete Flüssigkeit der Fußboden, das Untergestell und das Laufwerk beschädigt werden können. An beiden Enden muß der Wagen Schutzwände haben, die sich bis über die Oberkante der Töpfe erstrecken.

Jeder Kessel- oder Topfwagen ist mit zwei festen Signalstützen zu versehen.

Bei Topfwagen darf die dem Laderaum zugekehrte Seite des Bremserhauses keine Fenster oder sonstigen Öffnungen haben.

9. **Schneepflüge.** Schneepflüge werden benutzt, um bei großen Schneeverwehungen die Strecke für den Zugverkehr freizumachen. Dieselben haben meist die Form einer Pflugschar, die an einem ausgemusterten Tender angebaut ist. Oft wird auch ein Flügelrad verwendet, das von einer besonderen Maschine, die sich auf dem Fahrzeug befindet und von dem Dampf der begleitenden Lokomotive angetrieben wird, in Bewegung gesetzt wird. Letzteres schleudert den Schnee seitlich, ersteres schiebt denselben seitlich fort. Beide Arten werden von einer Lokomotive geschoben. Die Schneepflugwagen sind für den Zweck, dem sie dienen, entsprechend schwer gebaut. Das Eigengewicht schwankt zwischen 20 und 40 t. Das hohe Eigengewicht ist notwendig, damit der Schneepflug nicht durch den hohen Gegendruck der Schneemassen aus dem Geleise gedrängt werden kann.

10. **Hilfszüge.** Zur Beseitigung von Unfallfolgen, Zugentgleisungen oder Zusammenstößen, sind auf verschiedenen Bahnhöfen Hilfszüge aufgestellt. Diese bestehen aus einem Gerätewagen, einem Arztwagen und einem Mannschaftswagen. Auf den verschiedenen Bahnhöfen der preußischen Staatsbahnen sind 88 Hilfszüge und außerdem noch 188 einzelne Hilfsgerätewagen aufgestellt.

In den Gerätewagen sind alle die Geräte und Einrichtungen vorhanden, die erfahrungsgemäß zur Beseitigung von Unfallfolgen usw. erforderlich sind. Dazu gehören Flaschenzüge, Handwinden und hydraulische Winden, Ketten, Brechstangen und Drahtseile von verschiedener Dicke und Länge und vor allem Holz in Form von Bohlen, Klötzen und Keilen. Der Holzvorrat genügt im allgemeinen. Wenn es erforderlich ist, werden Eisenbahnschwellen verwendet, die auf allen Bahnhöfen zu haben sind. Außerdem befindet sich in den Gerätewagen alles Werkzeug, welches bei Unfällen gebraucht werden kann. Weiter ist für ausreichende Beleuchtung in weitem Maße gesorgt; fast alle Gerätewagen sind mit einer Azetylenlichtanlage ausgerüstet, mehrere Spiritusglühlampen, die auf Gestellen beliebig hoch aufgehangen werden können, sowie eine größere Anzahl Handlaternen sind vorhanden. Zum Trennen starker Eisenteile wird ein Apparat für autogenes Schneidverfahren mitgeführt. Für Verständigung von der Unfallstelle aus nach benachbarten Bahnhöfen dient ein transportabler Fernsprechapparat, außerdem gehört zur Ausrüstung eine kleine Handfeuerspritze und ein kleiner Rettungskasten.

Außerhalb des Wagenkastens sind lange Träger und Eisenbahnschienen angebracht. Unter dem Wagen befinden sich Behälter für Bohlen und Klötze. Jeder noch so kleine Raum ist vollständig ausgenutzt, um notwendiges Gerät unterzubringen.

Die Gerätewagen sind nicht einheitlich gebaut und ausgerüstet. Meistens sind die Wagen von ausgemusterten dreiachsigen Personenwagen mit noch genügend gut erhaltenem Untergestell umgebaut worden. Hierbei war für die Einrichtung und Ausrüstung meistens die Erfahrung der in Betracht kommenden Beamten maßgebend.

Die Arztwagen sind einheitlich gebaut und ausgerüstet. Es sind dazu zweiachsige Wagen mit Übergangsbrücken und Plattformen mit umklappbarem Geländer verwendet worden. Im Innern sind zwei Räume, der Arztraum und der Krankenraum, vorhanden, die beide durch eine Zwischenwand getrennt sind. In die Zwischenwand ist ein Gasofen eingebaut und so eingerichtet, daß er beide Räume gleichzeitig heizt; außerdem ist noch Dampfheizung vorhanden. Zur Beleuchtung des Wagens wird Gasglühlicht benutzt.

Im Arztraum ist ein Abort eingebaut.

Die Ausstattung des Arztraumes enthält alles, was erforderlich ist, um Verwundeten die erste Hilfe angedeihen zu lassen. In einem Rettungskasten sind große Mengen Verbandmaterial und Medikamente sowie chirurgische Instrumente untergebracht. Weiter ist vorhanden ein verstellbarer Operationstisch, ein Glasbehälter für frisches Wasser, eine Einrichtung zum Berieseln mit warmem Wasser, ein Sterilisierapparat sowie ein Sauerstoffkoffer.

Im Krankenraum sind acht Betten untergebracht, und zwar je zwei hinter- und übereinander an jeder Wagenseite. Durch einen dichten Stoffvorhang kann der Raum zu je vier Betten geteilt werden. Die Bettgestelle sind so eingerichtet, daß sie als Bahren benutzt werden können. Dadurch wird ein Umbetten der Verwundeten vermieden. Die Bettgestelle sind an einem Gestell federnd aufgehängt. Mehrere bequeme Liege- und Klappstühle geben notwendige Ruhe- und Sitzgelegenheit.

Der Mannschaftswagen enthält die für das Begleitpersonal notwendigen Geräte und Einrichtungen. An beiden Langseiten sind Sitze angebracht, die zugleich als Kasten ausgebildet sind und dem Begleitpersonal als Aufbewahrungsort für Kleider usw. dienen. Ein zusammenklappbarer Tisch gibt notwendige Bequemlichkeit beim Einnehmen der Mahlzeiten. Es sind Eß- und Trinkgeschirre für mindestens 12 Personen sowie die erforderlichen Töpfe und Kessel zum Wärmen und Zubereiten der Speisen vorhanden. Ein Herd dient zugleich zum Zubereiten der Speisen und Heizen des Raumes.

Im vorhandenen Abortraum sind mehrere Waschbecken untergebracht. Für die leitenden Beamten ist ein Abteil als Polsterklasse ausgestattet.

Zum Herbeirufen des Hilfszuges und dessen Beförderung zur Unfallstelle sind genaue Bestimmungen und Vorschriften erlassen. Der Hilfszug hat den Vorrang vor allen anderen Zügen. Über jede Benutzung des Hilfszuges ist ein Bericht aufzustellen, aus dem zu ersehen ist, wann die Alarmierung erfolgte, wann der Zug abgefahren ist und auf der Unfallstelle ankam, und was die Ursache der Alarmierung war. Eine Abschrift des Berichts ist in das Dienstbuch des Hilfszuges einzutragen.

11. **Heizkesselwagen.** Zur Zugheizung wird Dampf verwendet, der von dem Lokomotivkessel erzeugt wird und durch Rohrleitungen den Heizkörpern der einzelnen Wagen zugeführt wird. Bei sehr langen Zügen und großer Kälte ist der Lokomotivkessel nicht mehr imstande, den zur Heizung erforderlichen Dampf neben seinem eigentlichen Zweck, der Dampferzeugung als Triebkraft für die Lokomotive, zu erzeugen. Es werden dann Heizkesselwagen in die Züge eingestellt, um den Wagen die erforderliche Wärme zuzuführen.

Die Heizkesselwagen ruhen auf drei Achsen und bilden eine in sich geschlossene Kesselanlage mit allem Zubehör. Dazu gehört der Dampfkessel selbst, ein Behälter für Wasser und ein solcher für Brennmaterial sowie die zur Bedienung der Anlage erforderlichen Geräte und Ausrüstungsstücke, außerdem Werkzeuge, um kleinere Ausbesserungen auszuführen.

Die Kessel sind in den Wagen liegend oder stehend eingebaut. Über die Ausrüstung und Bauart gelten die für Dampfkesselbetrieb erlassenen gesetzlichen Vorschriften. Die liegenden Kessel sind Röhrenkessel von etwa 10,8 qm Heizfläche und sechs Atmosphären Überdruck. Die Feuerrohre, gewöhnlich 37 Stück, haben einen inneren Durchmesser von 50 mm. Die Dampfpumpen leisten jede 20 l in der Minute.

Die stehenden Kessel sind mit Quersiedern gebaut und haben eine Heizfläche von etwa 6 qm.

Die äußere Untersuchung der Kessel findet alle Jahre statt, die Wasserdruckprobe alle drei Jahre und die innere Untersuchung alle sechs Jahre. Der Wasservorrat beträgt 2,5 bis 3 cbm und der Kohlenvorrat 400 bis 600 kg.

Außer den beschriebenen Bahndienstwagen gibt es noch menhrere andere, wie Fäkalien-, Wasser-, Teer-, Gefangenentransportwagen u. a. m. Viele Wagen sind Eigentum von Privatfirmen, die die Wagen für bestimmte Zwecke im Verkehr haben.

III. Gepäck- und Postwagen.

1. **Gepäckwagen.** Die Wagen werden in mannigfacher Form und Einrichtung hergestellt, oft auch in Verbindung mit Einrichtungen für Post- und Personenverkehr.

Vorhanden sind die Gattungen: P, PP, PPü, Pg, P post, CP, PPü post. Die Wagen werden zwei-, drei- und vierachsig gebaut, und zwar zweiachsig für Güterzüge, dreiachsig für Personenzüge und vierachsig für Schnellzüge. Das Untergestell der zwei- und dreiachsigen Wagen ist in gleicher Weise wie das der Güterwagen hergestellt. Bei den vierachsigen Wagen ist der Länge der Wagen entsprechend eine kräftigere Form der einzelnen Träger und deren Verbindungen gewählt worden.

Vierachsige Gepäckwagen haben zwei Gepäckräume, zwischen beiden ist meistens das Zugführerabteil eingebaut. In den zwei- und dreiachsigen Gepäckwagen befindet sich das Zugführerabteil an einem Wagenende und ist von außen und innen zugänglich.

Der Gepäckwagen wird fast allgemein als erster Wagen hinter der Lokomotive in den Zug eingestellt und dient dadurch zugleich als Schutzwagen.

Der Wagenkasten der Güterzug-Gepäckwagen (Pg) ist in gleicher Weise wie der der bedeckten normalen Güterwagen hergestellt, soweit nicht seine besonderen Einrichtungen eine Abweichung erforderlich machen, z. B. Einbau des Zugführerabteils.

An dem eisernen Kastengerippe ist das aus Eichenholz gefertigte Rahmenwerk angebracht und an dieses die Verschalung des Wagenkastens. Innen sind die Güterzug-Gepäckwagen nicht verschalt, nur das Zugführerabteil hat innere Verschalung.

Zur Heizung ist ein Ofen im Gepäckraum aufgestellt, dessen Bauart dem Personal auch das Wärmen von Speisen ermöglicht. Zur Abführung des Rauches ist ein Rohr durch die Wagendecke geführt. Die Heizung des Zugführerraums erfolgt durch Preßkohlenheizung durch von außen unter dem Sitz eingeschobene Drahtkästen, in denen sich die Kohlen befinden. Der Kanal für die Kästen ist aus Eisenblech hergestellt und von außen durch eine Tür mit Lüftungsschlitzen zugänglich.

Die neueren Wagen sind mit Dampfheizleitung und Anschlußstutzen für die Dampfheizung versehen.

Im Gepäckraum sind zusammenklappbare Sitze und Tische für das Zugpersonal angebracht.

Die neueren Wagen sind mit Hundeabteilen ausgerüstet.

Die Wagenkästen der Personenzug-Gepäckwagen sind außen mit einer Blechbekleidung versehen, die an die Rahmenhölzer mit Holzschrauben befestigt ist.

Das Innere der Wagen ist besonders verschalt. Das hölzerne Rahmenwerk ist aus Eichenholz hergestellt und durch Zapfen, Bolzen und Winkel miteinander verbunden. Das Rahmenwerk ist mit einem Ölfarbenanstrich zu versehen. Nägel dürfen zur Verbindung der Hölzer nicht benutzt werden, sondern nur Holzschrauben. Die Bauart des Rahmenwerkes ist verschieden, je nachdem es sich um zwei-, drei- oder vierachsige Wagen handelt. Auch richtet sich die Bauart noch nach Einrichtungen, die in den Wagenkasten noch besonders eingebaut sind.

Die Wagen sind mit Luftdruckbremse und Dampfheizung ausgerüstet. In den Zugführerabteilen sind Luft- und Dampfdruckmesser sowie ein Notbremshahn vorhanden. Unter den Sitzen bzw. Fußtritten sind die Heizkörper untergebracht.

In allen Personenzug-Gepäckwagen sind Abteile zur Beförderung von Hunden eingebaut. Der Fußboden dieser Abteile ist aus einem wasserundurchlässigen Material hergestellt; an der tiefsten Stelle des geneigt angeordneten Fußbodens ist eine Abflußöffnung vorgesehen. Für Lüftung der Abteile ist durch Schlitze an den Türen gesorgt. An den Außentüren sind vor den Schlitzen Schieber aus Eisenblech angebracht, die bei großer Kälte geschlossen werden können. Ein Heizkörper ist zur Erwärmung des Abteils vorgesehen, um denselben ist ein Schutzblech angebracht, um zu starke Wärmestrahlung zu verhindern. In jedem Abteil sind an den Türen Wassernäpfe aus verzinntem Eisenblech anzubringen und an den Wänden mehrere Binderinge.

Der Verschluß der Türen besteht aus einem einfachen Fallenschloß, darunter ist ein Vierkantdornverschluß vorgesehen. In den vierachsigen Gepäckwagen ist das Abteil durch den Vorraum des Wagens sowie von außen zugänglich. Die Abteile reichen in diesen Wagen bis zur Wagendecke und können durch bewegliche Querwände in zwei Abteilungen geteilt werden.

Jeder Gepäckwagen ist mit Handbremse ausgerüstet, die vom Zugführerabteil aus betätigt werden kann. Die Sitze in den Zugführerabteilen sind in einfacher Weise gepolstert und erhöht angeordnet, um den Bediensteten die Übersicht über den Zug und die Strecke während der Fahrt zu ermöglichen.

In den Abteilen befinden sich Schreibplatten und Fächer zur Unterbringung der Dienst- und Frachtbriefe sowie verschließbare Behälter für Zuggeräte, wie Fackeln und Rettungskasten und ein Kasten für Wertgegenstände. Im Oberlichtaufbau sind einige Fenster nach jeder Richtung hin zum Öffnen eingerichtet.

Über den Türen und Sitzen sind Gepäcknetze angebracht. Die Beleuchtung erfolgt allgemein durch Gasglühlicht. Zum Wärmen und Zubereiten von Speisen ist ein umklappbarer Gaskocher angebracht.

In jedem Gepäckwagen ist ein Abort eingebaut, auch ist Waschgelegenheit vorhanden. Die Waschbecken sind aufklappbar im Abort angebracht, Wasser wird in besonderen Kannen mitgeführt.

In den Gepäckräumen sind Werkzeug- und Signalmittelkasten, Signallaternen, Reservebrems- und Heizschläuche und Zugschlußsignale an bestimmter Stelle an dazu eingerichteten Gestellen vorhanden. Außerdem ist ein Kleiderschrank eingebaut.

In den Gepäckwagen für Vorortstrecken sind an den Wänden Riemen zum Befestigen von Fahrrädern angebracht.

Die Zugführerabteile, die Gepäckräume und die Schiebetüren der Gepäckräume sind von innen durch einen Riegelverschluß gesichert. Die Fenster in den Gepäckräumen sind von innen durch angeschraubte Eisengitter geschützt. Die Innentüren sind außer einem einfachen

Fallenschloß durch Vierkantdorn verschließbar. Die Schiebetüren sind in gleicher Weise wie die der bedeckten Güterwagen eingerichtet.

Zur Sicherung des Personals gegen unbeabsichtigtes Schließen der Schiebetür ist eine Sicherung in die Rollenschiene eingebaut; diese verhindert, daß die Tür völlig geschlossen werden kann, wenn die Sicherung nicht ausgelöst ist; dies wird durch Niederdrücken der Sicherung mit dem Fuß erreicht. Die Anordnung ist unter dem Namen „Ruppenthalsche Türsicherung" allgemein bekannt und befindet sich an allen Gepäckwagen bzw. wird noch angebaut. Der Fußboden der Gepäckwagen ist mit einer doppelten Bretterlage versehen, die durch Fugenschrauben an den Trägern und Streben des Untergestells befestigt sind.

Die in D-Zügen laufenden Gepäckwagen sind mit Übergangsbrücken und Faltenbalgen versehen, deren Anordnung und Abmessung die gleiche ist. wie die der D-Zug-Personenwagen.

Alle Gepäckwagen müssen mit festen Signalstützen versehen sein.

In den Gepäckwagen, die auf Strecken verkehren, wo häufig lebende Fische befördert werden, sind aufklappbare Lattenroste am Fußboden angebracht, damit das Personal nicht durch verschüttetes Wasser belästigt wird.

In Gepäckwagen, die in das Ausland übergehen, sind besondere Zollabteile eingebaut.

2. **Postwagen.** Die Wagen werden zwei-, drei- und vierachsig gebaut. Vielfach sind auch schon Wagen im Betriebe, die mit Übergangsbrücken und Faltenbalgen als D-Zug-Postwagen ausgerüstet sind.

Das Untergestell ist nach den Normalien der Preußischen Staatsbahnen gebaut und gleicht in allen Teilen dem der Personenwagen.

Die Bauart des Wagenkastens, soweit das Gerippe in Frage kommt, ist gleichfalls wie das der Personenwagen gebaut, soweit nicht besondere Abweichungen für die Bedürfnisse des Postbetriebes bedingt sind. An jeder Wagenlangseite befindet sich ein Briefeinwurf mit entsprechender Bezeichnung.

Das Innere des Wagens ist durch zwei zweiflügelige Türen von jeder Seite zugänglich. Bei den vierachsigen Wagen sind allgemein vier Türen vorhanden. Die Türen sind außer durch Fallenschloß mit Vorreiber noch durch ein Schloß mit besonderem Bartschlüssel verschließbar, außerdem sind noch Plombierösen angebracht. Die Form des Bartschlüssels ist bei allen Postwagen gleich.

Die innere Einrichtung ist den Bedürfnissen des Postbetriebes angepaßt. Der Briefraum ist von dem Paketraum durch eine Schiebetür getrennt. An den Seitenwänden sind Fächer und Regale für Briefe und Pakete angebracht. Die Stirnwand des Briefraums ist in der ganzen Breite durch Fächer für Briefe ausgefüllt.

Die Brieffächer und Sortiertische sind so eingerichtet, daß keine

Spalten entstehen können, durch die etwa Briefe durchrutschen könnten. Die oberen Brieffächer haben als Boden eine Glasscheibe, damit die Fächer von unten zu übersehen sind. Für Wertsendungen ist ein besonderer Wertschrank mit Rollvorhang über der Fächeranordnung vorhanden.

In jedem Postwagen ist ein Gestell, Briefbeutelspannvorrichtung genannt, zum Anhängen von Briefbeuteln, zur besseren Übersicht vorhanden.

Im Wagenboden sind große Kästen eingebaut, die zur Unterbringung von umfangreichen Sendungen, meistens Zeitungspakete, dienen; die Kästen sind vom Wageninnern aus durch im Fußboden angebrachte Klappen zugänglich.

Zur Beheizung der Postwagen ist außer der Dampfheizung noch Ofenheizung vorhanden.

Die Beleuchtung ist allgemein elektrisch. Die Lampen werden von Sammlerbatterien gespeist, die in ortsfesten Anlagen aufgeladen werden. Die Unterhaltung der Beleuchtung erfolgt durch die Postverwaltung.

In jedem Postwagen sind ein Abort, Waschgelegenheit und ein Kleiderschrank für das Personal vorhanden.

Für die Dampfheizung ist ein Stellhebel zur Regulierung und für die Luftdruckbremse Notbremszüge mit Gebrauchsanweisung vorhanden.

Die Türen sind von innen durch Riegel gesichert. Die herablaßbaren Fenster sind durch Innenriegel feststellbar, die Schlitze für die Fallfenster sind innen mit federnden Anlageflächen überdeckt. Alle Fenster sind innen mit Schutzgittern versehen. An den Fallfenstern sind dieselben beweglich eingerichtet.

Die Wagen mit Übergangsbrücken und Faltenbalgen haben einen Seitengang, die Türen von diesem zu den Postdiensträumen sind von innen durch Riegelverschluß gesichert. Der Seitengang ist durch Türen an beiden Wagenenden abschließbar.

Im Oberlichtaufbau sind Fenster angebracht, von denen einige nach außen hin geöffnet werden können.

Für das Personal sind transportable eiserne Klappsitze als Sitzgelegenheit vorhanden.

Der enge Raum der Postwagen ist in weitestgehender Weise so eingerichtet, daß er allen Bedürfnissen des Postbetriebes nach Möglichkeit entspricht. Außer den für den Postbetrieb erforderlichen Geräten ist in einem besonderen Schränkchen ein Beil und eine Säge vorhanden. Für etwa entstehende Feuersgefahr wird eine Handfeuerspritze in jedem Wagen mitgeführt.

Alle Postwagen sind mit festen Signalstützen und an beiden Seiten mit Fahnenstützen ausgerüstet.

Im übrigen sind an den Wagen zur Sicherung des Betriebes alle Einrichtungen vorhanden, die nach der Eisenbahn-Bau- und -Betriebsordnung auch an den Wagen der Preußisch-Hessischen Staatsbahnen vorhanden sein müssen.

IV. Wagen zur Personenbeförderung.

1. **Personenwagen.** Die Personenwagen werden in verschiedene Klassen eingeteilt, welche den Reisenden hinsichtlich der Größe des ihnen zur Verfügung stehenden Raumes, der Einrichtung der Sitze, der Ausgiebigkeit der Beleuchtung und der Vornehmheit der sonstigen Ausstattung einen verschieden hohen Grad von Annehmlichkeit und Bequemlichkeit bieten.

Bei allen Wagenklassen ist entsprechend der Länge der Strecke, welche der betreffende Zug durchläuft, darauf Rücksicht zu nehmen, daß alle Einrichtungen getroffen sind, um den Reisenden möglichst viel Bequemlichkeit zu bieten und übermäßige Ermüdung durch die Fahrt zu verhindern. Hierzu ist vor allem genügender Raum, eine geeignete, der Körperform angepaßte Anordnung der Sitze, und namentlich die Möglichkeit der Bewegung im Zuge zur Aufsuchung von Erfrischungs- und Waschräumen erforderlich.

Zu den verschiedenen Wagenklassen, die bei uns vorkommen, kommen noch die besonders gut ausgestatteten Wagen der Luxuszüge, Salon-, Speise- und Schlafwagen und Wagen zur Beförderung von Kranken und Verwundeten. Für die Massenbeförderung von Reisenden dritter und vierter Klasse werden mit einfachen Sitzen, Rückenlehnen und Laternen ausgestattete bedeckte Güterwagen herangezogen. Bezüglich der Bauart der Untergestelle sind einerseits zwei- und dreiachsige Personenwagen und andererseits vier- und sechsachsige zu unterscheiden. Die Achsen der letzteren sind zu je zwei oder drei in Drehgestellen eingebaut, welche den Wagen eine größere Schmiegsamkeit zum Durchlaufen scharfer Krümmungen und bei richtiger, der Fahrgeschwindigkeit angepaßter Bauart, einen ruhigen und angenehmen Lauf geben.

Der Wagenkasten besteht aus dem hölzernen Kastengerippe mit innerer Verschalung, außen ist der Wagenkasten mit Blech bekleidet. Der Fußboden hat eine doppelte Bretterlage mit Querhölzern. Dadurch wird starke Abkühlung verhindert, die Schalldämpfung begünstigt und Schutz gegen Zugluft und Staub gewährt. Die Hohlräume der Wände und Fußböden sind mit Holzwolle, Kokosfaser, Waldwolle oder Stuhlrohrwolle ausgefüllt. Die Füllmasse ist feuersicher imprägniert.

Das Dach hat doppelte Verschalung und ist mit einem Lüftungsaufbau versehen. Die Dachbretter sind durch eingesetzte Eisenfedern dicht verbunden. Das fertige Dach ist mit Segeltuch überzogen und dieses mit Deckenmasse aus Leinölfirnis, gemahlener Kreide und Burgunderharz, Ocker, Umbra und Silberglätte durchtränkt.

Das Kastengerippe besteht aus Eichenholz; lange Rahmenhölzer werden aus Pitsch-pine-Holz hergestellt, weil Eichenholz in der erforderlichen Länge, z. B. für vier- und sechsachsige Wagen, nicht zu haben ist und eine Zusammenschäftung möglichst zu vermeiden ist.

Die Verschalung besteht aus Kiefernholz, die Sitze aus Eschenholz. Tischplatten in Post- und Wirtschaftsräumen werden von Pappel- oder Weißbuchenholz hergestellt. In den höheren Klassen wird zu Leisten, Vertäfelungen und Türen Ahorn, Mahagoni oder Nußbaumholz verwendet, ebenso zu den Abortdeckeln. In neueren Wagen sind vielfach Hölzer aus unseren Kolonien, Kolonialhölzer genannt, verwendet worden, soweit die Innenausstattung in Frage kommt.

Zur Wandbekleidung der ersten und zweiten Klasse wird Pegamoid und Lincrusta verwendet, weil dies feuersicherer wie Wachstuch ist. Feuergefährliche Stoffe sind überhaupt möglichst zu vermeiden. Kiefern- und Eichenholz wird im Wageninnern gestrichen und, wo erforderlich, lackiert; Nußbaum- und Mahagoniholz wie überhaupt alle besseren Holzarten werden poliert. Eiserne Beschlagteile werden in dem Farbenton des umgebenden Holzes mit einem Anstrich versehen.

Die Blechbekleidung wird außen gespachtelt, gestrichen und lackiert. Vorher werden die Bleche sorgfältig durch Elektrizität entzundert, mit Kalkwasser von anhaftender Säure befreit, mit Sand abgerieben, mit reinem Wasser gespült und durch Sägespäne getrocknet. Innen werden die Bleche mit einer haltbaren Grundfarbe, meistens grau oder rotbraun, zum Schutz gegen Rost gut deckend gestrichen.

Zuweilen werden die Wagen außen mit Holzbekleidung versehen. Die Wagen der Mitteleuropäischen Schlaf- und Speisewagen-Gesellschaft, dienstliche Abkürzung „Mitropa“, haben fast durchweg Holzbekleidung. Verwendet werden harte Hölzer, dieselben erhalten außen keinen Anstrich, sondern werden naturfarbig poliert. Diese Bekleidung wird bald unansehnlich und ist daher wenig zu empfehlen.

Abteilwagen haben den Nachteil gegen Durchgangswagen, daß die Seitenwände für die Öffnungen der Türen und Fenster durchbrochen sind; dadurch sind die Seitenwände weniger widerstandsfähig.

Wagen mit von außen zugänglichen Abteilen bieten dem Reisenden Abgeschiedenheit und Ruhe, sie haben als Nachteil schwierigere Überwachung und geringere Sicherheit gegen Raubanfälle.

Wagen mit durchgehendem Seitengang ohne Seitentüren erschweren das Ein- und Aussteigen und werden daher meistens auf Nebenbahnen verwendet. Diese Wagen haben an jedem Ende eine Plattform mit Übergangsbrücken. Bei einem großen Teil dieser Wagen vierter Klasse ist das Schutzgeländer der Plattform umklappbar und das Innere der Wagen zum Unterbringen von Krankentragen eingerichtet. Die Wagen werden bei Bedarf als Lazarettwagen verwendet.

In neuerer Zeit werden Wagen mit Seitentüren und durchgehendem Seitengang gebaut, die hauptsächlich in Vorortzügen Verwendung finden. Die Wagen erhalten durch den Gang entsprechend weniger Sitzplätze, gewähren dafür aber größere Übersicht und Sicherheit.

In jedem Abteilwagen für den Fernverkehr befinden sich Aborte, die von jedem Abteil aus erreichbar sind. Abteilwagen können wegen der Seitentüren nicht so breit gebaut werden wie Durchgangs- und D-Zugwagen. D-Zugwagen haben an beiden Wagenenden eingebaute Seitentüren. Dadurch reicht die offene Tür nicht so weit über den Wagenkasten hinaus wie bei Abteilwagen mit Seitentüren.

In neuerer Zeit werden D-Zugwagen ganz aus Eisen gebaut. Dieselben haben bei größerer Festigkeit ein geringeres Gewicht. Als Nachteil ist die schwierige Wiederherstellung bei größeren Beschädigungen durch Eisenbahnunfälle anzuführen.

Allgemein sind D-Zugwagen wegen ihrer stabileren Bauart widerstandsfähiger gegen Beschädigungen des Untergestells und des Wagenkastens wie Abteilwagen.

In jedem D-Zugwagen befinden sich an den Enden zwei, in den neueren Wagen drei Aborte und zwei Pissoirs oder ein Pissoir und ein Dienstabteil.

In der Mitte des Seitenganges ist ein Beil und eine Säge in einem in der Außenwand eingebauten Kasten mit Glasscheibentür zur Benutzung bei Unfällen untergebracht. Gegen Feuersgefahr ist in jedem Wagen eine kleine Handfeuerspritze an einem Wagenende in einer Ecke zwischen Seiten- und Stirnwand auf einem Konsol angebracht. Mit jedem Wagen werden zwei Leitern mitgeführt, die am Sprengwerk unter dem Langträger befestigt sind. An den Seitenwänden sind Handgriffe und Fußtritte angebracht, um in Notfällen den Wagen durch die Fenster verlassen zu können. Zum Besteigen des Wagendaches sind an den Stirnwänden aller Wagen Fußtritte und Handgriffe vorhanden. Vier- und sechsachsige Wagen haben unter den Langträgern ein Versteifungssprengwerk, um ein Durchbiegen des Untergestells und Wagenkastens zu verhindern. D-Zugwagen können nicht so gebaut werden, daß der Schwerpunkt des Wagenkastens genau in der Mittellinie des Wagens liegt, es müssen an der leichteren Gangseite Ausgleichgewichte angebracht werden. Die Feststellung der Schwere der Gewichte erfolgt durch besondere Wägevorrichtungen. Durch Rechnung wird die Lage der anzubringenden Gewichte ermittelt.

Wagen, die über See auf Fährschiffen transportiert werden, sind mit Einrichtungen versehen, um die Wagen fest und sicher auf den Fährschiffen zu befestigen. Die Übergangsbrücken und Faltenbalgen der D-Zugwagen sind genau nach bestimmten Vorschriften und Maßen hergestellt. Sie müssen so eingerichtet sein, daß sie sich schnell und sicher miteinander verbinden lassen und dürfen mit anderen Bauteilen des Wagens infolge Schwankens der Wagen gegeneinander nicht in Berührung kommen. Sie müssen aber jeder Bewegung folgen können, ohne daß an ihnen Beschädigungen auftreten.

Die technischen Vereinbarungen enthalten bindende Vorschriften über die Abmessungen und Formen der Übergangsbrücken und Faltenbalgen.

Als Material für Faltenbalgen ist Segeltuch, Drell und Rindleder vorgeschrieben, und zwar für die Seitenwände wasserdichtes Segelleinen, für die Innenbekleidung Drell in brauner Farbe, und für Ober- und Unterteile schwarzes Rindleder. Die Seitenwände sind durch eingenähte schmale Holzleisten, die Ober- und Unterteile durch eingenähte Stahlbügel versteift. Der Boden der Unterteile ist durchbrochen, um Schmutz und Wasser abzulassen.

Zur Verbindung der Faltenbalgen mit denen fremder Wagen sind mit jedem Wagen an den Rahmen der Balgen in federnde Klammern mitgeführte Schrauben zu verwenden. Zu jedem Balgen sind drei Stück 40 mm lange und drei Stück 60 mm lange Schrauben erforderlich.

Die Balgen sind an federnde, auf Rollen laufende Gehäuse aufgehängt, die sich auf beweglichen Auslegern mit den Balgen verschieben können.

2. **Schlafwagen.** Schlafwagen werden vier- und in neuerer Zeit sechsachsig gebaut.

Das Untergestell und der Wagenkasten hat die gleiche Form und Bauart wie die der D-Zugwagen.

Ältere Schlafwagen haben zwei Doppel- und fünf einfache Abteile, neuere Wagen haben zehn einfache Abteile. In den Doppelabteilen befinden sich vier Schlaflager, je zwei auf einer Seite und übereinander angeordnet. Die Abteile der neueren Wagen sind zu je zwei durch eine Zwischenwand getrennt. Diese ist zur Hälfte als Flügeltür ausgebildet und schräg angeordnet, um mehr Platz im Abteil zu schaffen. Durch die schräge Lage der Türwand entsteht in den Abteilen je entgegengesetzt ein breiterer Raum, in den die Waschgelegenheit eingebaut ist. Die Waschbecken bestehen aus Steingut, Nickelblech oder vernickeltem Kupferblech; sie sind so angebracht, daß sie in nichtbenutztem Zustande senkrecht stehen und sich in dieser Stellung nach Benutzung selbst entleeren. Das Wasser ist so nach unten geleitet, daß es gleichzeitig ein in einem Schränkchen unter dem Waschbecken befindliches Nachtgeschirr spült. Über dem Waschbecken ist ein Schränkchen eingebaut, in dem sich zwei Wasserkannen, eine Wasserflasche und ein Trinkglas befinden. In die Tür des Schränkchens ist außen ein Spiegel eingesetzt. An der Zwischenwand sind Kleiderhaken und unter den Seitenfenstern Klapptische angebracht.

Sämtliche Fenster, auch die im Oberlichtaufbau, sind durch Vorhänge aus dunklem, dichtem, lichtundurchlässigem Stoff (Pegamoid) geschützt.

Die Schlaflager sind so eingerichtet, daß sie durch einfache Handhabung dazu hergerichtet werden können. Bei Nichtbenutzung des Schlaflagers ist das Abteil wie ein solches erster bzw. zweiter Klasse benutzbar. Soll es als Schlafabteil verwendet werden, wird zunächst die Rückenlehne hochgeklappt und mit Riegeln in wagerechter Lage festgehalten. Außer den Riegeln sind noch zwei kräftige Ledergurte als Sicherung vorhanden. Zwischen den Gurten wird ein Schutznetz gespannt. Zur Erreichung des oberen Schlaflagers wird in jedem Abteil eine kurze Trittleiter mitgeführt. Das untere Schlaflager wird aus dem Sitzpolster durch Umdrehen desselben hergestellt. Unter dem Sitzpolster sind in festen Umhüllungen die Matratzen, Kissen und Wäschestücke für beide Schlaflager untergebracht. Es gehören zu jedem Lager: eine Matratze, ein Kopfkissen, ein Keilkissen, eine Fußrolle und zwei Schlafdecken. Für jedes Teil sind besondere Bezüge und ein Laken vorhanden. Zu der Fahrt wird in der Regel doppelte Wäsche mitgeführt, wenn erforderlich, auch die dreifache. Die Ausstattung der Abteile ist, abgesehen von dem engen Raum, elegant und gediegen, die Holzteile sind durchweg aus sauber bearbeitetem und poliertem Nußbaumholz hergestellt.

Die Beleuchtung der Schlafwagen ist elektrisch.

Bei den neueren Wagen wird der Strom einer unter dem Wagenkasten befindlichen Sammlerbatterie entnommen, die durch ortsfeste Anlagen auf den Zugbildungsstationen aufgeladen wird.

Bei älteren Schlafwagen befindet sich unter dem Wagenkasten eine Dynamomaschine, welche von der Wagenachse durch Riemenübersetzung angetrieben wird. Die Dynamomaschine speist eine Sammlerbatterie, und von dieser wird das Leitungsnetz des Wagens gespeist.

In jedem Abteil ist eine feste Deckenlampe angebracht, die durch einen Dreiserienzugschalter betätigt wird. Der Reisende kann das Licht voll einschalten, ganz ausschalten oder eine mattblau leuchtende Nachtlampe einschalten. Außerdem ist noch eine bewegliche Leselampe mit Kabel und Stecker vorhanden, die als Wand- oder Tischlampe benutzt werden kann.

Über dem oberen Schlaflager sind Gepäcknetze angebracht. Zur Heizung der Wagen ist eine Warmwasserheizanlage eingebaut. Der Heizofen befindet sich an einem Wagenende im Seitengang. Jedes Abteil ist mit einem Heizkörper unter dem Seitenwandfenster ausgestattet. Die Wärme in den Abteilen kann durch die Reisenden durch Stellhebel selbst reguliert werden.

Außer den Schlafabteilen ist an dem Ofenende des Wagens noch ein Dienstraum vorhanden. Dieser Raum ist mit Schränken ausgestattet, in denen die Reservewäsche aufbewahrt wird, sowie Trinkgeschirr, wie zwölf Kaffeetassen, Teelöffel, Zuckernäpfe, Milchtöpfchen, Bier- und Likörgläser, Kaffee- und Teekannen. Zur Bereitung von Kaffee oder Tee für die Reisenden ist ein elektrischer Kochapparat vorhanden, der den erforderlichen Strom von der Sammlerbatterie des Wagens erhält. Zur Stromersparnis ist zum Vorwärmen des Wassers für den Kochapparat ein Vorwärmer an den Heizofen angeschlossen, der allerdings nur während der Heizzeit benutzt werden kann. Zum Reinigen des Geschirrs ist ein Spültisch mit Wasserentnahmehahn vorhanden, außerdem werden noch Besen, Schrubber, Wisch- und Staubtücher, Schuh- und Kleiderbürsten mitgeführt.

An der Rückwand des Dienstraumes ist ein Schaltkasten für die elektrische Lichtanlage des Wagens mit den erforderlichen Apparaten und Stromanzeigern angebracht. Bei Wagen mit Maschinenbeleuchtung sind in dem Schaltkasten noch die notwendigen Regulier- und Schaltungsapparate sowie die erforderlichen Sicherungen untergebracht.

Der Fußboden der Abteile und des Seitenganges sind mit Linoleum belegt. Über diesen Belag sind dichte Läuferstoffe gebreitet.

Jedes Abteil ist von innen durch Nachtriegel abschließbar; desgleichen auch die Verbindungstür zwischen den Abteilen. Der Seitengang ist an jedem Ende durch eine Tür mit Kunstschloß vom Vorraum getrennt.

Die einzelnen Abteile sind außen durch laufende Nummern gekennzeichnet. Zum Herbeirufen von Bedienung dient eine elektrische Rufleitung. Das Tableau mit den Abteilnummern befindet sich in dem Dienstraum.

An jedem Wagenende befindet sich ein Abort und Waschraum, in einem derselben ein Vorratskästchen mit Reserveteilen für die elektrische Beleuchtung.

3. **Salonwagen.** Die Wagen werden zwei-, drei-, vier- und sechsachsig gebaut. Die zwei- und dreiachsigen Wagen dienen nur dem Inlandverkehr, während die vier- und sechsachsigen Wagen so eingerichtet sind, daß sie auch auf außerdeutsche Bahnen übergehen können. Zu diesen Einrichtungen gehören hauptsächlich die Brems- und Heizeinrichtungen, Signalstützen, Faltenbalgverbindungen, besondere Einrichtungen zur Signalgebung und Vorrichtungen, um die Wagen auf Fährschiffen zu transportieren.

Die Bauart der Untergestelle und das Rahmenwerk des Wagenkastens der Salonwagen ist die gleiche, wie die der D-Zugwagen, wie überhaupt die Salonwagen zur Gattung der D-Zugwagen gehören.

Zum bequemen Besteigen der Wagen sind an beiden Seiten des Salonendes zusammenklappbare Tritte angebracht. Die innere Einrichtung und Ausstattung und die Einteilung der Räume ist im großen und ganzen bei den vier- und sechsachsigen Salonwagen gleich. Vom Salonende aus gelangt man zunächst in einen Vorraum, der durch eine Wand von dem großen Salon getrennt ist. In dieser Wand sind breite Flügel- oder Schiebetüren eingebaut, im oberen Teil der Wand und Türen sind große Glasscheiben eingesetzt. Durch Offenhalten der Türen wird der eigentliche Salonraum um den Vorraum vergrößert. Der Salon und Vorraum nehmen die ganze Wagenbreite ein. Vom Salon führt links eine Tür in einen kleineren Salon, der als Schlafkabinett ausgestattet ist. Von diesem führt eine Tür zu einem kleineren Vorraum, der Zugänge zu einem Abort, einem weiteren kleinen Salon und zu dem Seitengange hat. Der letztgenannte Salon ist außerdem noch vom Seitengang aus durch eine besondere Tür zugänglich.

Vom Seitengang aus sind zwei oder drei Abteile zugänglich, die als Halbabteile erster Klasse ausgestattet sind und als Schlafabteile für je zwei Personen eingerichtet werden können.

Ein Dienstraum ist am Ende des Wagens vorgesehen. In diesem sind Schränke und Kasten eingebaut, in welche die notwendigen Wäschestücke, Schlafdecken, sowie Eß- und Trinkgeschirre für etwa zwölf Personen mitgeführt werden.

Zum Zubereiten von Erfrischungen und Speisen ist ein Gaskocher vorhanden, zum Reinigen der benutzten Eß- und Trinkgeschirre ein Abwaschtisch im Dienstraum.

Am Ende des Seitenganges befindet sich ein Warmwasserofen zur Beheizung des Wagens, neben diesem ein Abort mit Wascheinrichtung.

Die Beleuchtung erfolgt durch Gasglühlicht, seltener durch Elektrizität. In diesem Falle ist aber stets noch ein Gasbehälter, welcher Gas zu Kochzwecken enthält, vorhanden. Oft sind auch beide Beleuchtungsarten vorgesehen.

Von den einzelnen Räumen führt eine elektrische Klingelanlage nach dem Dienstraum.

Die innere Ausstattung der Salons ist elegant und bequem und genügt einem verwöhnten Geschmack. Die Wände sind mit Gobelinstoff oder farbigem Leder bekleidet, die Holzteile aus sauber bearbeitetem Nußbaum-, Mahagoni- oder sonstigen besseren Holzarten gefertigt, ebenso die vorhandenen Tische, Schränke und Stühle. Die Sofas, Sessel und Stühle sind mit Leder- oder Stoffbezug in dem Farbenton der übrigen Einrichtung überzogen. Im großen Salon sind gewöhnlich zwei bis drei bequeme Klubsessel untergebracht, die meistens durch einfache Handhabung als Ruhelager hergerichtet werden können.

Die Schlaflager in den kleinen Salons können bei Nichtbenutzung als Sitzpolsterbänke eingerichtet werden. Unter den Seitenwandfenstern sind aufklappbare Platten, die als Schreibtische verwendbar sind, angebracht. In jedem Salon ist ein Kleiderschrank sowie ein einklappbarer Waschtisch untergebracht.

Der Fußbodenbelag besteht aus Linoleum mit Korkunterlage, darüber sind dicke Wollteppiche und Läufer gebreitet.

Vor den Fenstern sind außer den Gardinen noch Vorhänge aus dichtem Stoff mit besserer Posamentierarbeit angebracht. Vielfach sind in den großen Salons Doppelfenster eingebaut. Die ganze Ausstattung hat den Charakter der Vornehmheit und Behaglichkeit.

Die Benutzung der Salonwagen erfolgt auf vorherige Bestellung gegen Bezahlung von zwölf Fahrkarten erster Klasse. Außer den Salonwagen, die der Eisenbahnverwaltung gehören, befinden sich noch mehrere im Privatbesitz. Diese Wagen werden auf vorherige Bestellung in die gewünschten Züge gegen Zahlung der festgesetzten Tarifgebühren eingestellt.

Während der Fahrt werden Salonwagen stets von einem erfahrenen Wagenaufseher begleitet, dem hauptsächlich während der Heizzeit die Bedienung der Heizeinrichtung obliegt. Bei Dienstreisen höherer Beamten übernimmt der Wagenaufseher deren Bedienung.

4. **Speisewagen.** Die Preußische Staatsbahnverwaltung besitzt keine eigentlichen Speisewagen, sondern nur sogenannte Küchenwagen, d. h. D-Zugwagen zur Hälfte als Küchenwagen, zur Hälfte als Zweiter-Klassewagen. Die Speisewagen selbst sind jetzt sämtlich im Besitze der Mitteleuropäischen Schlaf- und Speisewagen-Gesellschaft. Die Wagen gehören zu den D-Zugwagen. Das Untergestell ist dem dieser Wagen gleich gebaut, ebenso das Kastengerippe und das Rahmenwerk. Die Wagenkästen sind außen meistens mit Holz bekleidet. Innen ist der Wagen in zwei Speiseräume, einen Küchen- und Anrichteraum und einen kurzen Seitengang geteilt.

In den Speiseräumen sind die Tische nach den Fensterseiten zu aufklappbar angeordnet. An der Küchenseite sind Tische zu vier Plätzen und an der Gangseite zu zwei Plätzen vorgesehen. Durch eine Zwischenwand ist der Speiseraum in zwei Teile getrennt. In dem Raum nächst der Küche ist Platz für achtzehn Gäste, im nächsten für zwölf Gäste vorhanden. In den sechsachsigen Wagen können in beiden Räumen je achtzehn Gäste Platz finden. Vor der Küche ist noch ein Tisch für vier Plätze in einem kleinen Raum untergebracht, der hauptsächlich als Aufenthaltsraum für das Bedienungspersonal dient.

In der Küche befindet sich ein Kochherd mit Bratofen, mehrere eingebaute Gefäße zum Reinigen des Geschirrs, Behälter zum Warmhalten der Speisen, Gestelle zum Unterbringen des Küchengeschirrs und Schränke für Speisevorräte. Von der Küche ist ein kleiner Raum abgeteilt, der als Anrichteraum dient und in dem in dazu eingerichteten Schränken das erforderliche Eß- und Trinkgeschirr untergebracht ist. Im Seitengang ist ein Abort und ein Kleiderschrank für das Personal eingebaut.

In dem Raum für das Personal sind Kästen und Schränke für Messer, Löffel und Gabeln eingebaut. Der Betrieb der Speisewagen steht unter der Aufsicht der Eisenbahnverwaltung. Die Eigentumsverwaltung hat für die Einstellung der Wagen in die Züge einen vertraglich festgesetzten Preis zu entrichten, der nach Achskilometern berechnet wird. Die innere Ausstattung der Wagen ist entsprechend den benutzenden Fahrgästen vornehm und bequem. Die Stühle sind am Sitz und Rückenlehne mit Leder überzogen, die Wände und Decken sauber lackiert bzw. mit Pegamoid überzogen und die verwendeten besseren Holzarten poliert.

F. Fähranlagen.

Um den direkten Verkehr über kurze Seestrecken zu ermöglichen, werden die Eisenbahnwagen auf Fährschiffen über See befördert.

Auf den größeren Fährschiffen befinden sich zwei nebeneinander liegende Geleise, auf denen je bis zu sechs D-Zugwagen aufgestellt werden können, so daß das Fährschiff bis zu zwölf D-Zugwagen aufnehmen kann. Am Ende der Gleisbahn sind auf dem Schiffsdeck feste Prellböcke aufgestellt. Am anderen Ende sind umklappbare Prellböcke vorgesehen, die nach dem Aufbringen der Wagen hochgeklappt werden und durch Windewerke fest gegen die Puffer gedrückt werden, so daß der Zug zwischen den beiden Prellböcken sicher in der Längsrichtung gehalten wird.

An den Untergestellen der Wagen sind an den Langträgern ösenförmige Kloben angebracht, in die entsprechend geformte Haken eingelegt werden. Die Haken bilden die Endglieder von Kupplungsketten, die auf dem Deck des Schiffes befestigt sind. Durch Gewindespindeln, die in die Ketten eingeschaltet sind, werden die Ketten fest angespannt. An beide Enden der Wagen sind an beide Seiten am Oberlichtaufbau ebenfalls ösenförmige Kloben angebracht, die dem gleichen Zweck dienen. Die Kupplungsketten dazu sind an besonderen Deckaufbauten der Fährschiffe befestigt.

Die so befestigten Wagen stehen nun fest und sicher auf dem Schiff, ohne daß zu befürchten ist, daß selbst bei unruhiger See ein Schwanken der Wagen gegen das Fährschiff eintritt.

Fähranlagen über See sind vorhanden zwischen Saßnitz und Trelleborg, etwa 107 km Entfernung, zwischen Warnemünde und Gjedser, etwa 42 km Entfernung und außerdem noch die Fähren zwischen Stralsund und der Insel Rügen und über den Fehmarnsund. Auf der letztgenannten Fähre werden nur Güterwagen befördert, während die erstgenannten zur Beförderung von D-Zugwagen dienen.

Die Reisenden können während der Überfahrt in den Wagen bleiben oder auch nach Belieben die Wagen verlassen und sich auf dem Deck des Fährschiffes oder in den unteren Räumen desselben aufhalten.

Die Fährschiffe nach Trelleborg und Gjedser sind mit Schlafkabinen und Gesellschaftsräumen zur Bequemlichkeit der Reisenden ausgestattet.

Anhang.

Anweisung für die Aufschreibung und Meldung der Reichsbahn-Güterwagen während der Umzeichnung.

Sämtliche Güterwagen der Deutschen Reichsbahn werden umgezeichnet. Sie erhalten an Stelle der Eigentumsmerkmale der ehemaligen Deutschen Staatsbahnen die Anschrift „Deutsche Reichsbahn" mit dem Zusatz eines Bezirksnamens

Altona — Alt,	Halle — Hl,	Münster — Mst,
Augsburg — Au,	Hannover — Han,	Nürnberg — Nür,
Berlin — Bln,	Karlsruhe — Kar,	Oldenburg — Old,
Breslau — Bsl,	Kattowitz — Kz,	Regensburg — Re,
Cassel — Cs,	Köln — Köl,	Schwerin — Sch,
Dresden — Dre,	Königsberg — Kbg,	Stettin — Stn,
Elberfeld — Efd,	Ludwigshafen — Lu,	Stuttgart — Stg,
Erfurt — Erf,	Magdeburg — Mag,	Trier — Tr,
Essen — Esn,	Mainz — Mz,	Würzburg — Wüb.
Frankfurt — Frt,	München — Mü,	

Das Eigentumsmerkmal der Reichsbahn-Güterwagen lautet somit:

„Deutsche Reichsbahn"

„Altona" oder „Augsburg" oder „Berlin" oder „Stuttgart" usw.

Zugleich werden Nummer und Gattungszeichen nach den Anlagen 1 und 2 geändert. Beginn und Ende der Umzeichnung werden bekanntgegeben.

Für die Zeit während der Umzeichnung gelten folgende Bestimmungen:

I. Aufschreibung der Wagen.

Bei Aufschreibung der Wagen ist darauf zu achten, ob der Wagen bereits umgezeichnet ist oder nicht. Ein Wagen ist umgezeichnet, sobald er die Anschrift „Deutsche Reichsbahn" trägt. Die noch nicht umgezeichneten Wagen sind im Übergangsnachweis, Güterwagenzettel, Wagenkontrollbuch, Bezirkskontrollbuch, Frachtbrief, Verrechnungskarte, Ladekontrolle, Versandbuch usw., wie bisher einzutragen, also nur mit dem Bezirksnamen „Altona" — Alt — oder „Augsburg" — Au — oder „Berlin" — Bln — oder „Württemberg" — Würt — usw., sowie mit der Nummer und dem Gattungszeichen. Der noch nicht umgezeichnete Wagen „Köln, 47 425, O" ist also folgendermaßen aufzuschreiben: Köl 47 425 O.

In gleicher Weise sind auch die umgezeichneten Wagen aufzuschreiben. Um sie jedoch von anderen, noch nicht umgezeichneten Wagen mit gleichem Bezirksnamen, gleicher Nummer und gleichem Gattungszeichen unterscheiden zu können, ist bei den umgezeichneten Wagen vor den Bezirksnamen „Altona" — Alt — oder „Augsburg" — Au — oder „Berlin" — Bln — usw. ein großes lateinisches „D" zu setzen. Beispielsweise ist der bereits umgezeichnete Wagen: „Deutsche Reichsbahn, Karlsruhe, 17236, Ow" folgendermaßen aufzuschreiben: D Kar 17236 Ow. Sobald die Umzeichnung vollendet ist, ist das „D" nicht mehr vorzusetzen.

II. Meldung der Wagen.

Die für die Wagenmeldungen in Betracht kommenden alten und die zugehörigen neuen Gattungszeichen sind aus der umseitigen Übersicht (Anlage 9 zu § 31² GWV) zu ersehen. Vorerst sind in allen Meldungen nur die alten Gattungszeichen anzuwenden. Die bereits umgezeichneten Wagen mit neuen Gattungszeichen sind für die Meldungen nach der umseitigen Übersicht auf die Wagen mit alten Gattungszeichen zu übertragen. Zum Beispiel ist ein bereits umgezeichneter Wagen mit dem neuen Gattungszeichen Gw als G zu melden, ein Ow als O, ein Om oder Omp als Omm.

Erst wenn die Mehrheit der Reichsbahn-Güterwagen umgezeichnet ist, treten die neuen Gattungszeichen in Kraft. Dieser Zeitpunkt und das dann anzuwendende Meldeverfahren werden allen Dienststellen bekanntgegeben.

Anlage 9 zu § 31² GWV.

Reihenfolge der Wagen, in der die Wagenmeldungen zu erstatten sind.

Neue Bezeichnung der Wagen:	Alte Bezeichnung der Wagen:
Gwn und Gn, Gln	N und Nm, Nml (die N und Nm getrennt von den Nml melden)
Gw	G [2])
G	Gm [2])
Glw, Gl	Gl, Gml (großräumige Wagen), angeben, ob mit hohem Dach, h. D.
Olw	Ol (Länge angeben)
Ol, Olp	Oml (Länge angeben)
Rw	R
R und Rm	Rm und Rmm
How, Hosw	HH unter 6 m [1])
Ho, Hos	HHm [1])
How, Hosw	HH 6 m und mehr [1]), auch Länge angeben
H	Hr [1]), auch angeben, wenn ohne Bords
SSkw	SSw und SS (angeben, wenn ohne Br und mit Bords, und wenn unter 11,2 m, auch Länge angeben)
SSk	SSm (angeben, wenn ohne Br, und wenn unter 11,2 m, auch Länge angeben)
SS	SSml (angeben, wenn ohne Br, und Länge angeben, wenn mehr als 13 m)
Gvw und Gvwn	V und Vn
Vpw	Ve, Vew und Vel (Größe angeben)

1) Angeben, ob mit s (= Kuppelstangen) oder z (= Zinken) oder mit beiden Einrichtungen. Wagen mit Wendeschemelrungen unter 1,5 m Länge sind mit „kurz Ru" zu bezeichnen. Die Wagen mit eisernen Seitenrungen sind als Hr zu melden. Dabei ist in Klammern anzugeben, wie viele Hr gemäß § 14 Abs. 3 paarweise verwendbar sind, z. B. Hr 11 (4 Paar).

2) Wagen mit der Anschrift „Für Tiere nicht verwendbar" sind besonders aufzunehmen.

Neue Bezeichnung der Wagen:	Alte Bezeichnung der Wagen:
Vpwn	Ven und Venl (Größe angeben)
Vw	Vez und Velz (Größe angeben)
Vwn und Vlwn	Venz und Venlz (Größe angeben)
Ovw und Ovlw	VO und VOl (Größe angeben)
Kw	K
K	Km
Skw, Sw, S und Sm	S, Sl, Sml und Smml (Länge und ob mit Bords oder mit Rungen angeben)
Ow	O
O, Op	Om
Om, Omp	Omm
Ocw	Oc
Oc, Ocp	Ocm
Xw	X
Xow	Xo

Die neuen Nummern der Reichsbahn-Güterwagen

(Nummernplan).

Bemerkungen:

1. Die nach den besonderen Vorschriften der ehemaligen Deutschen Staatsbahnen gebauten Wagen sind in Spalte 5 mit „alt“, die nach den einheitlichen Vorschriften des ehemaligen Deutschen Staatsbahnwagenverbandes gebauten Wagen (Einheitswagen) sind mit „neu“ bezeichnet.
2. Die nach Ausmusterung der alten Wagen frei werdenden Gattungsbezirke werden später für neue Einheitswagen verwendet.

1	2	3	4	5	6	7
Lfd. Nr.	Neues Gattungszeichen	Buchmäßiger Sollbestand am 1.4.1920	Stückzahl der Hauptgattung	Bezeichnung der Hauptgattung	Gattungsbezirk	Nummer
1	Gw	28 970				
2	Gwn	7 793				
3	Giw	632	37 996	Gw	Magdeburg	101—38 006
4	Gvw	217				
5	Gvwn	384				
6	Gsw	73	260	Gs	Königsberg	101—360
7	Gs, Gsn	187				
8	G u. Gn	104 629	104 629	G alt	Hannover Stettin	101—50 000 101—54 829
9	G u. Gn	110 203	110 203	G neu	Cassel München	101—50 000 101—60 403
10	Glw	565	3 774	Gl	Dresden	101— 3 874
11	Gl u. Gln	3 209				

1	2	3	4	5	6	7
Lfd. Nr.	Neues Gattungszeichen	Buchmäßiger Sollbestand am 1.4.1920	Stückzahl der Hauptgattung	Bezeichnung der Hauptgattung	Gattungsbezirk	Nummer
12	Gkw, Gkwn	752	752	Gk	Berlin	101—852
13	GGw	16	16	GG	Trier	101—116
14	Vw	102	5 286	V	Altona	101—5 386
15	Vwn	204				
16	Vpw	366				
17	Vpwn	445				
18	Vgpw	13				
19	Vgpwn	43				
20	Vlwn	36				
21	Vg	10				
22	Vgn	331				
23	Vn	3 736				
24	Kw	3 149	12 295	K	Elberfeld	101—12 395
25	K	9 146				
26	Ow	43 342	45 267	Ow	Karlsruhe	101—45 367
27	Olw	208				
28	Olgw	109				
29	Ovw	1 582				
30	Ovwn	19				
31	Ovgw	3				
32	Ovlw	3				
33	Ocw	13 196	21 842	Oc	Münster	101—21 942
34	Oclw	104				
35	Oc	8 152				
36	Ocp	100				
37	Ocl	3				
38	Oclp	287				
39	Ov	306	96 741	O Holz alt	Frankfurt	101—50 000
40	Ovl	203			Würzburg	101—46 941
41	Op	16 980				
42	Olp	390				
43	Olgp	36				
44	Ol	140				
45	O	78 686				
46	O	62 993	62 993	O Eisen alt	Schwerin	101—63 003
47	O	53 738	53 739	O Holz neu	Halle	101—53 838
48	O	23 995	23 995	O Eisen neu	Nürnberg	101—24 005

1	2	3	4	5	6	7
Lfd. Nr.	Neues Gattungszeichen	Buchmäßiger Sollbestand am 1.4.1920	Stückzahl der Hauptgattung	Bezeichnung der Hauptgattung	Gattungsbezirk	Nummer
49	Omp	618				
50	Omlp	2	25 214	Om alt	Ludwigshafen	101—25 314
51	Om Holz	13 780				
52	Om Eisen	10 814				
53	Om	103 865	103 865	Om neu	Breslau Essen Kattowitz	101—50 000 101—54 065 Abstimmung
54	Otw	1 090				
55	Otp	299	1 571	Ot	Mainz	101—1 671
56	Omtp	182				
57	OOpw	44				
58	OOlpw	15	125	OO	Oldenburg	101—225
59	OOtp	51				
60	OO	15				
61	Rw	2 489				
62	Rs	132	35 232	R	Stuttgart	101—35 332
63	Rm	492				
64	R	32 119				
65	Skw	435				
66	Sw	305				
67	Sks	133				
68	Sk	126	5 754	S	Augsburg	101—5 854
69	Stk	2				
70	Smk	2				
71	Sm	6				
72	S	4 745				
73	SSkw	924				
74	SSw	13				
75	SSk	1 993				
76	SStk	4	10 722	SS	Köln	101—10 822
77	SSt	9				
78	SSl	758				
79	SS	7 021				
80	Hw	1 377				
81	How	1 799				
82	Hosw	1 755	14 509	H	Regensburg	101—14 609
83	Hos	1 287				
84	Ho	1 124				
85	H	7 167				
86	Xw	45 055				
87	Xo	39	48 174	X	Erfurt	101—48 274
88	Xt	418				
89	X	2 662				

Die neuen Gattungszeichen der Reichsbahn-Güterwagen

mit Übersichten über die Bedeutung der neuen Gattungszeichen und die Reichsbahn-Güterwagen einheitlicher Bauart (Einheitswagen).

Bemerkungen:

1. Wagen alter Bauart sind nach den besonderen Vorschriften der ehemaligen Deutschen Staatsbahnen gebaut. Wagen neuer Bauart sind nach den einheitlichen Vorschriften des ehemaligen Deutschen Staatsbahnwagenverbandes gebaut und als „Einheitswagen" bezeichnet.

2. Alle Kohlen- und Kokswagen, die nicht das Nebengattungszeichen p, v oder w tragen, sind zum Kippen eingerichtet. Das Nebengattungszeichen w erhalten auch solche Kohlen- und Kokswagen, die zum Kippen eingerichtet sind, die aber wegen ihres geringen Ladegewichtes vom Verkehr nach den Kipper-Stationen ausgeschlossen werden sollen.

3. Zur Beförderung von Fahrzeugen und Geschützen sind geeignet.
   a) alle hölzernen Einheitswagen O und On, Halle,
   b) alle Einheitswagen R und Rn, Stuttgart,
   c) alle Einheitswagen S und Sn, Augsburg,
   d) alle Einheitswagen SS und SSn, Köln,
   e) alle Einheitswagen H und Hn, Regensburg.

4. Das Nebengattungszeichen „n" ist stets an den Schluß zu setzen (z. B. Omptn), da es nach Ausrüstung aller Güterwagen mit Luftbremse oder Luftleitung wieder gestrichen wird.

Anlage 2 zu § 6[5] GWV

Gattungszeichen der Güterwagen der Deutschen Reichsbahn.

I. Hauptgattungszeichen.

A. Bedeckte Güterwagen.

G Zwei oder dreiachsiger bedeckter Güterwagen mit 15 t Ladegewicht.

GG Vier- oder mehrachsiger bedeckter Güterwagen mit 30 t Ladegewicht.

V Bedeckter Güterwagen mit 15 t Ladegewicht, Lattenwänden und zwei Böden mit Einrichtung zur Veränderung der Ladefläche (Kleinviehwagen).

K Kalk- oder Salzwagen mit 15 t Ladegewicht, Satteldach und Deckklappen.

B. Offene Güterwagen.

O Zweiachsiger offener Güterwagen mit 15 t Ladegewicht, Wänden von mehr als 40 cm Höhe und Einrichtung zum Kippen (Kohlenwagen).

OO Vier- oder mehrachsiger Kohlenwagen mit mindestens 30 t Ladegewicht, Wänden von mehr als 40 cm Höhe und Einrichtung zum Kippen.

R Rungenwagen (großräumiger offener Güterwagen) mit 15 t Ladegewicht, mindestens 10 m Ladelänge, 40 cm hohen Wänden und langen hölzernen Rungen.

S Zwei- oder dreiachsiger Schienenwagen mit 15 t Ladegewicht, aushebbaren Stirnwänden bis 40 cm Höhe, eisernen Seitenrungen und 13 m Ladelänge (langer offener Güterwagen).

SS Vier- oder mehrachsiger Schienenwagen (langer offener Güterwagen) mit mindestens 35 t Ladegewicht, eisernen Seitenrungen und 15 m Ladelänge.

H Holzwagen mit mindestens 15 t Ladegewicht, eisernen Seitenrungen und Wendeschemeln mit Zinken.

X Arbeitswagen mit 15 t Ladegewicht ohne Einrichtung zum Kippen.

II. Nebengattungszeichen.

(zu verbinden mit den Hauptgattungszeichen unter I, deren Bedeutung zum Teil geändert oder ergänzt wird).

c Offener Güterwagen mit höchstens 15 t Ladegewicht und hölzernen Wänden von 130 bis 190 cm Höhe (Kokswagen), z. B. Oc, Ocw.

g Kleinviehwagen mit Zwischenböden für Gänse (Gänsewagen), z. B. Vg, Vgn.
Offener Güterwagen mit hohen festen Gatterwänden (Gatterwagen), z. B. Olgw, Olgp.

i Bedeckter Güterwagen mit Plattformen an den Stirnwänden, z. B. Giw.

k Bedeckter Güterwagen mit Kühleinrichtung (Kühlwagen), z. B. Gkw, Gkwn.
Zwei- oder dreiachsiger Schienenwagen mit einer Ladelänge unter 13 m, z. B. Sk, Sks, Skw.
Vierachsiger Schienenwagen mit einer Ladelänge unter 15 m, z. B. SSk, SSkw.

l Bedeckter Güterwagen mit mindestens 24 qm Ladefläche (großräumiger offener Güterwagen), z. B. Gl, Gln.
Offener Güterwagen mit mindestens 9 m Ladelänge (großräumiger offener Güterwagen), z. B. Ol, Olp, Ocl, OOlpw.
Vierachsiger Schienenwagen mit 18 m Ladelänge, z. B. SSl.

m Zwei- oder dreiachsiger Güterwagen mit 20 t Ladegewicht, z. B. Gm, Om, Rm, Sm.

n Güterwagen mit Luftbremse oder Luftleitung, z. B. Gn, Vn, On, Xn.

o Holzwagen ohne eiserne Seitenrungen, nur paarweise verwendbar, z. B. Ho, Hosw, Hos.
Arbeitswagen mit Wänden von mehr als 40 cm Höhe, z. B. Xo.

p Offener Güterwagen mit mindestens 15 t Ladegewicht und Wänden bis 190 cm Höhe, ohne Einrichtung zum Kippen, z. B. Op, Olp, Ocp, OOpw.
Kleinviehwagen ohne Einrichtung zur Veränderung der Ladefläche, z. B. Vpw, Vgpw.

s Holzwagen mit Kuppelstangen, z. B. Hos, Hosw.
Güterwagen (ausschl. Holzwagen) mit auswechselbaren Radsätzen zum Übergang auf russische Breitspur (Umsetzwagen), z. B. Gs, Gsw, Rs.

t Kohlenwagen und Arbeitswagen mit Trichtern, Bodenklappen oder geneigten Bodenflächen (Eselsrücken) zur Selbstentladung, z. B. Ot, OOt, Xt (Selbstentlader).
Schienenwagen für Tiefladung (Tiefladewagen), z. B. Stk, SSt.

v Bedeckter Güterwagen mit Türen an den Stirnwänden und besonderer Lüftung zur Viehbeförderung, z. B. Gvw, Gvwn.
Offener Güterwagen mit hölzernen Wänden von mehr als 190 cm Höhe, ohne Einrichtung zum Kippen, z. B. Ovw, Ovlw.

w Zwei- oder dreiachsiger Güterwagen mit einem Ladegewicht unter 15 t, ohne Einrichtung zum Kippen, z. B. Gw, Ow, Rw, Sw, Xw.
Vierachsiger bedeckter Güterwagen und vierachsiger Kohlenwagen mit einem Ladegewicht unter 30 t, z. B. GGw, OOpw.
Vierachsiger Schienenwagen mit einem Ladegewicht unter 35 t, z. B. SSkw, SSw.

Bedeutung der neuen Gattungszeichen, geordnet nach 24 Hauptgattungen und 29 Gattungsbezirken.

Alte Gattungszeichen	Neue Gattungszeichen	Bedeutung	Gattungsbezirk
		1. Zwei- oder dreiachsige bedeckte Güterwagen mit einem Ladegewicht unter 15 t.	
G, Gw	Gw	. . . .	Magdeburg (Mag)
N, Nwf, Nw, Nf	Gwn	mit Luftbremse oder Luftleitung	
Gi	Giw	mit Plattformen an den Stirnwänden	
V, Vw	Gvw	mit Türen an den Stirnwänden und besonderer Lüftung für Viehbeförderung	
Vnfw, Vn, Vnf	Gvwn	mit Türen an den Stirnwänden und besonderer Lüftung für Viehbeförderung, mit Luftbremse oder Luftleitung.	
		2. Zwei- oder dreiachsige bedeckte Güterwagen mit auswechselbaren Radsätzen zum Übergang auf russische Breitspur (Umsetzwagen).	
Gs	Gsw	mit einem Ladegewicht unter 15 t	Königsberg (Kbg)
Gms	Gs	mit 15 t Ladegewicht	
Nms	Gsn	mit 15 t Ladegewicht, Luftbremse oder Luftleitung.	
		3. Zwei- oder dreiachsige bedeckte Güterwagen mit 15 t Ladegewicht (alte Bauart).	
Gm, Gmz	G	. . . .	Hannover (Hn) Stettin (Stn)
Nm	Gn	mit Luftbremse oder Luftleitung	
		4. Zwei- oder dreiachsige bedeckte Güterwagen mit 15 t Ladegewicht (neue Bauart, Einheitswagen).	
Gm	G	. . . .	Cassel (Cs) München (Mü)
Nm	Gn	mit Luftbremse oder Luftleitung	
		5. Zwei- oder dreiachsige bedeckte Güterwagen mit mindestens 24 qm Ladefläche (großräumige bedeckte Güterwagen).	
Gl	Glw	mit einem Ladegewicht unter 15 t	Dresden (Dre)
Gml	Gl	mit 15 t Ladegewicht (Einheitsheitswagen)	
Nml	Gln	mit 15 t Ladegewicht, Luftbremse oder Luftleitung (Einheitswagen).	

Alte	Neue	Bedeutung	Gattungsbezirk
Gattungszeichen			
		6. Zwei- oder dreiachsige bedeckte Güterwagen mit Kühleinrichtung (Kühlwagen).	
G Kühlwagen	Gkw	mit einem Ladegewicht unter 15 t	Berlin (Bln)
N Kühlwagen	Gkwn	mit einem Ladegewicht unter 15 t, Luftbremse oder Luftleitung.	
		7. Vier- oder mehrachsige bedeckte Güterwagen.	
GGw	GGw	mit einem Ladegewicht unter 30 t.	Trier (Tr)
		8. Bedeckte Güterwagen mit Lattenwänden und zwei Böden (Kleinviehwagen).	
Vez	Vw	mit einem Ladegewicht unter 15 t und Einrichtung zur Veränderung der Ladefläche	Altona (Alt)
Venz	Vwn	mit einem Ladegewicht unter 15 t, Einrichtung zur Veränderung der Ladefläche und Luftbremse oder Luftleitung	
Ve, Vew	Vpw	mit einem Ladegewicht unter 15 t, ohne Einrichtung zur Veränderung der Ladefläche	
Ven	Vpwn	mit einem Ladegewicht unter 15 t, ohne Einrichtung zur Veränderung der Ladefläche und mit Luftbremse oder Luftleitung	
Veg, Vewg	Vgpw	mit einem Ladegewicht unter 15 t, ohne Einrichtung zur Veränderung der Ladefläche, mit Zwischenböden für Gänse (Gänsewagen)	
Veng	Vgpwn	mit einem Ladegewicht unter 15 t, ohne Einrichtung zur Veränderung der Ladefläche, mit Zwischenböden für Gänse und Luftbremse oder Luftleitung (Gänsewagen)	
Venlz	Vlwn	mit einem Ladegewicht unter 15 t, mindestens 24 qm Ladefläche und Luftbremse oder Luftleitung	
Vemgz	Vg	mit 15 t Ladegewicht, Einrichtung zur Veränderung der Ladefläche und Zwischenböden für Gänse (Gänsewagen)	
Vemngz	Vgn	mit 15 t Ladegewicht, Einrichtung zur Veränderung der Ladefläche, Zwischenböden für Gänse u. Luftbremse oder Luftleitung (Gänsewagen)	
Vemnz	Vn	mit 15 t Ladegewicht, Einrichtung zur Veränderung der Ladefläche und Luftbremse oder Luftleitung (Einheitswagen).	

Alte Gattungszeichen	Neue Gattungszeichen	Bedeutung	Gattungsbezirk
		9. Kalk- oder Salzwagen.	
K, K(u)	Kw	mit einem Ladegewicht unter 15 t	Elberfeld (Efd)
Km	K	mit 15 t Ladegewicht (Einheitswagen)	
		10. Zweiachsige offene Güterwagen mit einem Ladegewicht unter 15 t und Wänden von mehr als 40 cm Höhe, ohne Einrichtung zum Kippen (Kohlenwagen alter Bauart unter 15 t).	
Ok, Ok(u), Owq, Ow, Oq(u), Oqz, Oz(u), Oq, O, O(u)	Ow	. . . .	Karlsruhe (Kar)
Ol(u), Olz(u), Olq, Olk	Olw	mit mindestens 9 m Ladelänge	
Olg	Olgw	mit mindestens 9 m Ladelänge und hohen festen Gatterwänden (Gatterwagen)	
VO, VOw, VOz, VOz(u)	Ovw	mit hölzernen Wänden von mehr als 190 cm Höhe	
VOn	Ovwn	mit hölzernen Wänden von mehr als 190 cm Höhe und Luftbremse oder Luftleitung	
VOg	Ovgw	mit hohen festen Gatterwänden von mehr als 190 cm Höhe	
VOl	Ovlw	mit hölzernen Wänden von mehr als 190 cm Höhe und mindestens 9 m Ladelänge.	
		11. Zweiachsige offene Güterwagen mit hölzernen Wänden von 130—190 cm Höhe (Kokswagen).	
Ock, Ock(u), Ocq, Ocq(u), Oc, Oc(u)	Ocw	mit einem Ladegewicht unter 15 t, ohne Einrichtung zum Kippen	Münster (Mst)
Oclk, Oclk(u), Oclq, Ocl(u)	Oclw	mit einem Ladegewicht unter 15 t und mindestens 9 m Ladelänge, ohne Einrichtung zum Kippen	
Ocmk(u)	Oc	mit 15 t Ladegewicht und Einrichtung zum Kippen	
Ocmq	Ocp	mit 15 t Ladegewicht, ohne Einrichtung zum Kippen	
Ocmlk(u)	Ocl	mit 15 t Ladegewicht, Einrichtung zum Kippen und mindestens 9 m Ladelänge	
Ocml, Ocmlq, Ocml(u)	Oclp	mit 15 t Ladegewicht, ohne Einrichtung zum Kippen und mindestens 9 m Ladelänge	

Alte Gattungszeichen	Neue Gattungszeichen	Bedeutung	Gattungsbezirk
		12. Zweiachsige offene Güterwagen mit 15 t Ladegewicht und hölzernen Wänden von mehr als 40 cm Höhe (hölzerne 15 t-Kohlenwagen alter Bauart).	
VOmz, VOmz(u)	Ov	mit Wänden von mehr als 190 cm Höhe, ohne Einrichtung zum Kippen	Frankfurt (Frt) Würzburg (Wüb)
VOml, VOmlz(u)	Ovl	mit Wänden von mehr als 190 cm Höhe, mindestens 9 m Ladelänge und ohne Einrichtung zum Kippen	Frankfurt (Frt) Würzburg (Wüb)
Om, Om(u), Omq Omq(u)	Op	mit Wänden bis 190 cm Höhe, ohne Einrichtung zum Kippen	Frankfurt (Frt) Würzburg (Wüb)
Olmq, Olmq(u), Oml	Olp	mit Wänden bis 190 cm Höhe und mindestens 9 m Ladelänge, ohne Einrichtung zum Kippen	Frankfurt (Frt) Würzburg (Wüb)
Omlg	Olgp	mit mindestens 9 m Ladelänge und hohen festen Gatterwänden, ohne Einrichtung zum Kippen (Gatterwagen)	Frankfurt (Frt) Würzburg (Wüb)
Olmk	Ol	mit mindestens 9 m Ladelänge und Einrichtung zum Kippen	Frankfurt (Frt) Würzburg (Wüb)
Omk, Omk(u)	O	mit Einrichtung zum Kippen.	Frankfurt (Frt) Würzburg (Wüb)
		13. Zweiachsige offene Güterwagen mit 15 t Ladegewicht und eisernen Wänden von mehr als 40 cm Höhe (eiserne 15 t-Kohlenwagen alter Bauart).	
Om(u)	Op	ohne Einrichtung zum Kippen	Schwerin (Sch)
Omk(u)	O	mit Einrichtung zum Kippen	
		14. Zweiachsige offene Güterwagen mit 15 t Ladegewicht, hölzernen Wänden von mehr als 40 cm Höhe und Einrichtung zum Kippen (hölzerne 15 t-Kohlenwagen neuer Bauart, Einheitswagen).	
Omk	O	. . . .	Halle (Hl)
Omnk	On	mit Luftbremse oder Luftleitung	
		15. Zweiachsige offene Güterwagen mit 15 t Ladegewicht, eisernen Wänden von mehr als 40 cm Höhe und Einrichtung zum Kippen (eiserne 15 t-Kohlenwagen neuer Bauart, Einheitswagen).	
Omk(u)	O	. . . .	Nürnberg (Nür)
Omnk(u)	On	mit Luftbremse oder Luftleitung	

Alte Gattungszeichen	Neue Gattungszeichen	Bedeutung	Gattungsbezirk
		16. Zweiachsige offene Güterwagen mit 20 t Ladegewicht und Wänden von mehr als 40 cm Höhe (20 t-Kohlenwagen alter Bauart).	
Omm(u), Ommq	Omp	ohne Einrichtung zum Kippen	Ludwigshafen (Lu)
Omml(u)	Omlp	ohne Einrichtung zum Kippen, mit mindestens 9 m Ladelänge	
Ommk(u) hölzern oder eisern	Om	mit Einrichtung zum Kippen	
		17. Zweiachsige offene Güterwagen mit 20 t Ladegewicht, hölzernen Wänden von mehr als 40 cm Höhe und Einrichtung zum Kippen (20 t-Kohlenwagen neuer Bauart, Einheitswagen).	
Ommk(u)	Om	. . . .	Breslau (Bsl) Essen (Esn) Kattowitz (Kz)
Ommnk(u)	Omn	mit Luftbremse oder Luftleitung	
		18. Zweiachsige Kohlenwagen mit Trichtern, Bodenklappen oder geneigten Bodenflächen (Selbstentlader).	
Otk, Otq, Ot(u)	Otw	mit einem Ladegewicht unter 15 t, ohne Einrichtung zum Kippen	Mainz (Mz)
Otm, Otm(u), Otmz	Otp	mit 15 t Ladegewicht, ohne Einrichtung zum Kippen	
Otmm, Otmm(u)	Omtp	mit 20 t Ladegewicht, ohne Einrichtung zum Kippen	
Otmmn, Otmmn (u)	Omtpn	mit 20 t Ladegewicht, ohne Einrichtung zum Kippen, mit Luftbremse oder Luftleitung.	
		19. Vier- oder mehrachsige Kohlenwagen mit Wänden von mehr als 40 cm Höhe.	
OOq(u), OOq	OOpw	mit einem Ladegewicht unter 30 t, ohne Einrichtung zum Kippen	Oldenburg (Old)
OOwl, OOwlz	OOlpw	mit einem Ladegewicht unter 30 t, ohne Einrichtung zum Kippen und mit mindestens 9 m Ladelänge	
OOtm(u)	OOtp	mit mindestens 30 t Ladegewicht und Trichtern, ohne Einrichtung zum Kippen	
OOmk	OO	mit mindestens 30 t Ladegewicht und Einrichtung zum Kippen	
OOmnk	OOn	mit mindestens 30 t Ladegewicht, Einrichtung zum Kippen und Luftbremse oder Luftleitung.	

Alte Gattungszeichen	Neue	Bedeutung	Gattungsbezirk
		20. Rungenwagen (großräumige offene Güterwagen) mit mindestens 10 m Ladelänge, 40 cm hohen Wänden und langen, hölzernen Rungen.	
R	Rw	mit einem Ladegewicht unter 15 t	Stuttgart (Stg)
Rm (u)	R	mit 15 t Ladegewicht	
Rm	R	mie 15 t Ladegewicht (Einheitswagen)	
Rms	Rs	mit 15 t Ladegewicht und auswechselbaren Radsätzen zum Übergang auf russische Breitspur	
Rmm	Rm	mit 20 t Ladegewicht.	
		21. Zwei- oder dreiachsige Schienenwagen.	
S, Sl, Sl(u), Slr unt. 13 m Ladelg.	Skw	mit einem Ladegewicht unter 15 t und einer Ladelänge unter 13 m	Augsburg (Au)
Sl, Sl(u), Slr mit 13 m Ladelänge	Sw	mit einem Ladegewicht unter 15 t und mindestens 13 m Ladelänge (lange offene Güterwagen)	
Sms	Sks	mit 15 t Ladegewicht, einer Ladelänge unter 13 m und auswechselbaren Radsätzen zum Übergang auf russische Breitspur	
Sml unter 13 m Ladelänge	Sk	mit 15 t Ladegewicht und einer Ladelänge unter 13 m	
Sm (Tiefladewagen)	Stk	mit 15 t Ladegewicht, eine Ladelänge unter 13 m und Tiefladung	
Smm	Smk	mit 20 t Ladegewicht und einer Ladelänge unter 13 m	
Smml mit 13 m Ladelänge	Sm	mit 20 t Ladegewicht und mindestens 13 m Ladelänge (lange offene Güterwagen)	
Sml mit 13 m Ladelänge	S	mit 15 t Ladegewicht, aushebbaren Stirnwänden bis 40 cm Höhe, eisernen Seitenrungen und 13 m Ladelänge (lange offene Güterwagen, Einheitswagen).	
		22. Vier- oder mehrachsige Schienenwagen (lange offene Güterwagen).	
SS, SSw, SSl mit einer Ladelänge unter 15 m	SSkw	mit einem Ladegewicht unter 35 t und einer Ladelänge unter 15 m	Köln (Köl)
SSl m. mindestens 15 m Ladelänge	SSw	mit einem Ladegewicht unter 35 t und mindestens 15 m Ladelänge	
SSm mit einer Ladel. unt. 15 m	SSk	mit mindestens 35 t Ladewicht und einer Ladelänge unter 15 m	

Alte Gattungszeichen	Neue Gattungszeichen	Bedeutung	Gattungsbezirk
SSm (Tiefladewagen) mit einer Ladel. unter 15 m	SStk	mit mindestens 35 t Ladegewicht, einer Ladelänge unter 15 m und Tiefladung	
SSml (Tiefladewagen) mit mindestens 15 m Ladelänge	SSt	mit mindestens 35 t Ladegewicht, mindestens 15 m Ladelänge und Tiefladung	
SSml mit 18 m Ladelänge	SSl	mit mindestens 35 t Ladegewicht und 18 m Ladelänge	
SSml mit 15 m Ladelänge	SS	mit 35 t Ladegewicht und 15 m Ladelänge (Einheitswagen)	
		23. Holzwagen.	
Hrz	Hw	mit einem Ladegewicht unter 15 t	Regensburg (Re)
Hz	How	mit einem Ladegewicht unter 15 t, ohne eiserne Seitenrungen	
Hsz	Hosw	mit einem Ladegewicht unter 15 t, ohne eiserne Seitenrungen, mit Kuppelstangen	
Hmsz	Hos	mit mindestens 15 t Ladegewicht, ohne eiserne Seitenrungen, mit Kuppelstangen	
Hmz	Ho	mit mindestens 15 t Ladegewicht, ohne eiserne Seitenrungen	
Hrmz	H	mit mindestens 15 t Ladegewicht, eisernen Seitenrungen und Wendeschemeln mit Zinken (Einheitswagen).	
		24. Arbeitswagen ohne Einrichtung zum Kippen.	
X, X(u)	Xw	mit einem Ladegewicht unter 15 t	Erfurt (Erf)
Xmqo	Xo	mit 15 t Ladegewicht und Wänden von mehr als 40 cm Höhe	
Xtml, Xtm, Xtm(u)	Xt	mit 15 t Ladegewicht und Trichtern zur Selbstentladung	
Xm, Xm(u), Xml	X	mit 15 t Ladegewicht	

Übersicht der als „Einheitswagen" gebauten Reichsbahn-Güterwagen.

1	2	3	4	5	6	7	8	9	10	11	12	13	14	15	16
Musterblatt Nr.	Altes Gattungszeichen	Neues Gattungszeichen	Länge m	Lade-Breite m	Lade-Höhe m	Bodenfläche qm	Laderaum cbm	Ladegewicht kg	Tragfähigkeit kg	Radstand für Wagen mit Bremse m	Radstand für Wagen ohne Bremse m	Radstand des Drehgestells m	Tür-Breite m	Tür-Höhe m	Achsen
A 1	Omk	O	6,72	2,734	1,0	18,4	18,4	15 000	17 500	4,0	4,0	—	1,5	—	2
	mit hölzernen Wänden														
A 2	Gm	G	7,92	2,69	2,15 * 2,25 †	21,3	45,7 * 46,9 †	15 000	17 500	4,5	4,5	—	1,5	2,0	2
A 3	SSml	SS	15,06	2,75	—	41,4	—	35 000	36 750	10,0 zwischen Drehzapfen	—	2,0	—	—	4
A 4	Rm	R	10,12	2,67	0,4	27,0	10,8	15 000	17 500	6,5	6,0	—	—	—	2
A 5	Hrmz	H	8,0	2,5	—	20,0	—	18 000	18 500	4,5	4,5	—	—	—	2
A 6	Omk(u)	O	5,3	2,812	1,3	14,9	19,4	15 000	17 500	3,5	3,5	—	1,5	—	2
	mit eisernen Wänden														
A 7	Km	K	5,295	2,812	1,25 * 1,685 †	14,9	18,6 * 21,6 †	15 000	17 500	3,5	3,5	—	1,5	—	2
A 8	Vemnz	Vn	6,9	2,684	1,03 * 1,18 †	18,2	19,0 * 20,3 †	15 000	17 500	4,0	4,0	—	1,5	2,0	2
A 9	Gml	Gl	10,72	2,69	2,035 * 2,835 †	28,8	58,6 * 76,0 †	15 000	17 500	7,0	7,0	—	2,0	1,935	2
A 10	Ommk(u)	Om	7,72	2,756	1,55	21,3	33,0	20 000	20 200 bis 21 000	4,5	4,5	—	1,5	—	2
	mit hölzernen Wänden														
A 11	Sml	S	13,0	2,75	—	35,7	—	15 000	17 500	—	8,0	—	—	—	2

* An der Seitenwand gemessen. † Am Dache gemessen.

Bücherei
des Verbandes deutscher Eisenbahnfachschulen (E. V.)
Band 6

Erdkunde

Von

Albert Müller
Lehrer an der Eisenbahnfachschule
in Magdeburg

I. Teil: Deutschland und sein Verkehrsnetz

Mit 44 Zeichnungen

Verlag und Druck von B. G. Teubner · Leipzig · Berlin 1922

GPSR Compliance

The European Union's (EU) General Product Safety Regulation (GPSR) is a set of rules that requires consumer products to be safe and our obligations to ensure this.

If you have any concerns about our products, you can contact us on ProductSafety@springernature.com

In case Publisher is established outside the EU, the EU authorized representative is:

Springer Nature Customer Service Center GmbH
Europaplatz 3
69115 Heidelberg, Germany

Batch number: 08566380

Printed by Printforce, the Netherlands